ハラル
をよく知るために

ユミ・ズハニス・ハスユン・ハシム　編

岡野　俊介　訳
森林 高志　新井 卓治

ITBM
Institut Terjemahan & Buku Malaysia
Malaysian Institute of Translation & Books

公益社団法人 日本マレーシア協会

Kuala Lumpur
2015

This book ハラルをよく知るために is a correct translation of the book Halal: All that You Need to Know Vol.1 published by Institut Terjemahan & Buku Malaysia Berhad.

Published by:
INSTITUT TERJEMAHAN & BUKU MALAYSIA BERHAD
(Company No.: 276206-D)
Wisma ITBM, No. 2, Jalan 2/27E
Seksyen 10, Wangsa Maju
53300 Kuala Lumpur
Malaysia

Tel.: 603-4145 1800   Fax: 603-4142 0753
E-mail: publishing@itbm.com.my   Website: www.itbm.com.my

First Published in 2014
Second Published in 2015
Translation © Institut Terjemahan & Buku Malaysia Berhad
Publication © Institut Terjemahan & Buku Malaysia and Japan-Malaysia Association
Original Text © International Institute for Halal Research and Training (INHART), International Islamic University Malaysia

All rights reserved. No part of this publication may be reproduced, stored in a retrieval system or transmitted, in any form or by any means, electronic, mechanical, photocopying, recording or otherwise, except brief extracts for the purpose of review, without the prior permission in writing of the publisher and copyright owner from Institut Terjemahan & Buku Malaysia (formerly known as Institut Terjemahan Negara Malaysia Berhad), Wisma ITBM, No. 2, Jalan 2/27E, Seksyen 10, Wangsa Maju, 53300 Kuala Lumpur. It is advisable also to consult the publisher if in any doubt as to the legality of any copying which is to be undertaken.

National Library of Malaysia   Cataloguing-in-Publication Data

Printed in Malaysia by:Magicreative Sdn. Bhd.
    No. 23,Jalan Seri Putra 3/1,
    Bandar Seri Putra,
    4300, Bangi,
    Selangor

序にかえて

　この度、マレーシア翻訳・書籍研究所（ITBM）では、公益社団法人日本マレーシア協会と「ハラルをよく知るために（Halal : All That You Need To Know)」の邦訳書を共同出版する機会が得られ、大変光栄である。本書の出版により、マレーシアと日本の関係において、出版分野、特に書籍の翻訳において、新たな一歩が踏み出されたことは間違いないであろう。

　本書は、マレーシアにおいて、他国のモデルになるべく、積極的に行われているハラル産業発展のための取り組みについて焦点を当てている。ハラル産業の育成が常に適正な監督のもとでなされるべく、マレーシア国際イスラム大学（IIUM）では同大学の研究機関とともに国際ハラル研究研修機関（INHART）を設立している。INHARTの設立は、ここで研修を受けた研究者らが、マレーシアをハラル産業の指導的地位に押し上げ、世界のハラル・センターとしていくことについて、積極的に関与していく意向の表れである。ハラル産業は単に食料や飲料だけでなく、化粧品、医薬品、輸送、旅行業、金融業、サービス業など、さまざまな業種を含むものである。

　ハラル産業の急速な成長により、マレーシアは他のイスラム諸国によってしばしば招かれ、ハラル産業について情報提供をする機会を得ている。また、マレーシアで開催されている国際ハラルショーケース（MIHAS）を通じて、高品質で国際水準にあるマレーシア産ハラル製品の販売拡大にも成功してきた。ハラル産業は、日本、韓国、中国といった非イスラム国にとっても、今後開拓し得る大きな可能性を持つ分野である。

　本書の出版により、日本において、ハラル製品に関する有益な情報がもたらされるとともに、マレーシアではハラル産業が必要不可欠であることについて広くご理解頂けることを願っている。

最後に、本書の出版に対する協力に対し、関係者の皆様へ心より感謝を申し上げるとともに、この度の取り組みが、日本においてマレーシアとの書籍出版における相互協力への関心を高め、且つ、両国関係の更なる緊密化に寄与することを祈念している。

モハマド・カイール・ガディロン
代表取締役・CEO
マレーシア翻訳・書籍研究所

目次

序にかえて

編者と執筆者   xi
まえがき   xv

第1章

法学とハラル認証   1
イスラム法とイスラム教徒の生活におけるハラルの重要性
    －ファウジア・モハマド・ノール   1
ハラル認証や研究・研修は必要か？
    －ノリア・ラムリ ＆ ハムザ・モハマド・サレー   7
ハラル監査：概要
    －ノリア・ラムリ   13

第2章

ハラル食製品とプロセス   19
ハラル食品の調理に関する一般ガイドライン
    －イルワンディ・ジャスウィル   19
食品業界において製造品質管理基準（GMP）に合わせた生産
業務を行うために
    －イルワンディ・ジャスウィル   25

目次

ハラル食品の分析
　　－モハメド・エルワシグ・サイード・ミルガニ　　　　　29

ハラル食品における中度のナジス（Najis Mutawassitah）
を調べるために
　　－イブラヒム・アブ・バカル　　　　　　　　　　　　34

ハラル加工食品と飲料
　　－イルワンディ・ジャスウィル　　　　　　　　　　　38

脂肪と油：ハラルの観点から
　　－モハメド・エルワシグ・サイード・ミルガニ　　　　41

ハラル肉と冷凍食品：ハラルの食肉処理場、包装、保管、取り扱い
　　－アズラ・アミッド　　　　　　　　　　　　　　　　46

肉業界の屠殺方法
　　－アズラ・アミッド　　　　　　　　　　　　　　　　51

鶏肉の消費に関するハラルと安全
　　－パルビーン・ジャマル　　　　　　　　　　　　　　54

水産品についてのハラルとトイブの考え方
　　－アハマド・ジャラル・カーン・チョウドゥリー　　　57

ハラル・チョコレートに対するイスラムの考え方
　　－パルビーン・ジャマル　　　　　　　　　　　　　　62

野菜で作るゼラチンの是非
　　－イルワンディ・ジャスウィル　　　　　　　　　　　68

魚のコラーゲンから作るゼラチン
　　－イルワンディ・ジャスウィル　　　　　　　　　　　70

バイオテクノロジー、遺伝子組み換え食品とハラル食品
　　－ノリア・ラムリ　　　　　　　　　　　　　　　　　73

ハラル環境での食品包装
　　－イルワンディ・ジャスウィル　　　　　　　　　　　77

食品加工と生産における水質問題
　－スレイマン・A・ムイビ ＆ ラシダ・F・オランレワジュ　81

――――――― 目次 ―――――――

第3章

ハラル化粧品、日用品、医薬品   87
美しいハラル
    ―ユミ・ズハニス・ハスユン・ハシム   87
ハラル化粧品：はやりと曖昧さ
    ―ユミ・ズハニス・ハスユン・ハシム   91
ハラルかつトイバで安全な日用品のために
    ―ユミ・ズハニス・ハスユン・ハシム   96
医薬品のハラル問題
    ―マイジルワン・メル＆ハムザ・モハマド・サレー   101
ハラルな骨移植を実現するための人工骨
    ―イイス・ソピアン＆アセップ・ソフワン・ファトゥラーマン・アルカップ   106
あなたの薬はハラルですか？
    ―カウサー・アハマド   110

第4章

ハラル・ツーリズムと接客業   115
接客業界でイスラム教徒にやさしい施設づくり
    ―ノリア・ラムリ   115
国内外のイスラム教徒向け観光地としてのマレーシアの魅力
    ―ノリア・ラムリ   118

第5章

イスラム銀行と金融   123
イスラム金融の概念
    ―ファウジア・モハマド・ノール   123
コンメンダ・パートナーシップ（ムダーラバ）：概要
    ―ファウジア・モハマド・ノール   126

シャリアに従ったビジネスをするためにムシャーラカ
（パートナーシップ）を理解する
　　　―ファウジア・モハマド・ノール　　　　　　　　129
ワクフ（寄進）のためにできること
　　　―ファウジア・モハマド・ノール　　　　　　　　132

第6章

その他の分野のハラル　　　　　　　　　　　　　　139
ハラル関連問題についてのポータルを設置する必要性
　　　―サイド・サリム・アグハ・サイド・アザムトゥラー　139
Istihalah（物の変質）とハラル業界
　　　―ノリア・ラムリ　　　　　　　　　　　　　　144
非ハラル皮革と皮革製品の検出技術
　　　―モハメド・エルワシグ・サイード・ミルガニ　　149
ハラルの生活とがん
　　　―アズラ・アミッド　　　　　　　　　　　　　155
環境にやさしくない燃料に対する懸念
　　　―アズリン・スハイダ・アズミ　　　　　　　　159

編者と執筆者

アハメド・ジャラル・カーン・チョウドゥリー
マレーシア国際イスラム大学科学大学院バイオテクノロジー学部
P.O. Box 141, 25710 Kuantan, Pahang, Malaysia

アセップ・ソフワン・ファトゥラーマン・アルカップ
インドネシア・ブンクル大学工学部機械工学課程

アズリン・スハイダ・アズミ
マレーシア国際イスラム大学工学大学院バイオテクノロジー工学部
P.O. Box 10, 50728 Kuala Lumpur, Malaysia

アズラ・アミッド
マレーシア国際イスラム大学工学大学院バイオテクノロジー工学部
P.O. Box 10, 50728 Kuala Lumpur, Malaysia

ファウジア・モハマド・ノール
マレーシア国際イスラム大学アフマド・イブラヒム法律大学院イスラム法学部
P.O. Box 10, 50728 Kuala Lumpur, Malaysia

ハムザ・モハマド・サレー
マレーシア国際イスラム大学工学大学院バイオテクノロジー工学部
P.O. Box 10, 50728 Kuala Lumpur, Malaysia

イブラヒム・アブ・バカル
マレーシア国際イスラム大学総合健康科学大学院栄養学部
P.O. Box 141, 25710 Kuantan, Pahang, Malaysia

編者と執筆者

イイス・ソピアン
マレーシア国際イスラム大学工学大学院製造材料工学部
P.O. Box 10, 50728 Kuala Lumpur, Malaysia

イルワンディ・ジャスウィル
マレーシア国際イスラム大学工学大学院バイオテクノロジー工学部
P.O. Box 10, 50728 Kuala Lumpur, Malaysia

カウサー・アハマド
マレーシア国際イスラム大学薬学大学院製薬技術学部
P.O. Box 141, 25710 Kuantan, Pahang, Malaysia

マイジルワン・メル
マレーシア国際イスラム大学工学大学院バイオテクノロジー工学部
P.O. Box 10, 50728 Kuala Lumpur, Malaysia

モハメド・エルワシグ・サイード・ミルガニ
マレーシア国際イスラム大学工学大学院バイオテクノロジー工学部
P.O. Box 10, 50728 Kuala Lumpur, Malaysia

ノリア・ラムリ
マレーシア国際イスラム大学アフマド・イブラヒム法律大学院イスラム法学部
P.O. Box 10, 50728 Kuala Lumpur, Malaysia

パルビーン・ジャマル
マレーシア国際イスラム大学工学大学院バイオテクノロジー工学部
P.O. Box 10, 50728 Kuala Lumpur, Malaysia

ラシダ・F・オランレワジュ
マレーシア国際イスラム大学工学大学院電気・コンピュータ工学部
P.O. Box 10, 50728 Kuala Lumpur, Malaysia

編者と執筆者

スレイマン・A・ムイビ
マレーシア国際イスラム大学工学大学院バイオテクノロジー工学部
P.O. Box 10, 50728 Kuala Lumpur, Malaysia

サイド・サリム・アグハ・サイド・アザムトゥラー
マレーシア国際イスラム大学工学大学院図書館公文書館
P.O. Box 10, 50728 Kuala Lumpur, Malaysia

ユミ・ズハニス・ハスユン・ハシム
マレーシア国際イスラム大学工学大学院バイオテクノロジー工学部
P.O. Box 10, 50728 Kuala Lumpur, Malaysia

まえがき

　ハラル（halal）はイスラム法によって、許されるものと定義されている。ハラルの考えは生活の様々な面に関わりがあり、トイバ（toyyibah：純粋で清潔）と対を成す概念である。現世での利益を得るためだけでなく、精神的に創造主に近づくために、この考えに従うことがイスラム教徒には求められている。しかしその健康面での考えは、国や文化を超えて通用するものであり、広く受け入れられるようになってきている。ハラル産業は巨大で刺激のある市場である。政治家、原材料生産者、製造業者、小売業者、消費者の利害関係がさまざまに絡んでくるが、ハラル市場が成功するためには、それぞれが努力していく必要がある。

　本書はTM Halal pagesに以前掲載された記事をまとめるという形式をとっている。ハラル関連の時事問題を幅広く取り上げ、生活にまつわるハラルの側面を数多く紹介している。法学とハラル認証、食品と加工、化粧品、日用品、医薬品、旅行業と接客業、銀行と金融、そのほかハラル関連の知識を扱っている。

　本書には、この分野の研究や開発、イノベーション、そしてそれらの成果を実現することに積極的に携わっている方々に寄稿していただいた。本書ハラルをよく知るために（Halal: All that You Need to Know）は手軽に手に取れる内容だが、ハラルについてさまざまな情報を満載しているため、消費者だけでなく、ハラルに携わるすべての人にとって貴重な資料となるだろう。ハラル関係者が専門を越えて理解、協力するようになれば、ハラルが人びとの標準となるよう促進することができ、人類全体が恩恵を受けることになるだろう。

ユミ・ズハニス・ハスユン・ハシム
国際ハラル研究研修機関（INHART）

―――――――――――――――――まえがき―――――――――――――――――

国際ハラル研究研修機関(INHART)について

　マレーシア国際イスラム大学（IIUM）はマレーシアで急速に成長しつつあるハラル市場に対応するため、その学問や研究での強みを活かし、イスラムの環境を改善する目的で2006年7月にハラル産業に特化した「ハラル産業研究センター（HIRCen）」を設立した。このセンターが誕生する前にもすでにさまざまな分野の大学職員がハラルやハラル産業のための活動をしていたが、HIRCenが設立されたことにより、IIUMは目的を持って、うまく連携を取りながらハラル関連活動に取り組むことができるようになった。ハラル製品やサービスの中心となることを目標としているマレーシアだけでなく、その他の国や関連機関に対しても、その取り組みをIIUMが支援していく中で、HIRCenは中心的な役割を果たしていくことが求められていた。

　IIUMはハラル業界の研究研修機能をこれまで以上に強化していくべきと、大学の運営組織が考え、HIRCenはその活動の幅を広げ、ハラルに関する長期的な教育計画を実施するためには、新しい改革を始めることが必要になった。こうして2011年8月に国際ハラル研究研修機関（INHART）は正式に発足したのである。

　INHARTの目的は前身のHIRCenと同じく、長期教育（大学及び大学院における教育プログラム）と短期集中研修プログラム、およびシャリアに準拠したサービスを提供することによって、世界的なハラルのハブになるという目標を持つマレーシア政府を支援するためのプラットフォームをIIUMに築いていくことである。研究、開発、イノベーション、ハラル食の商業化、医薬品や日用品、そしてツーリズムや接客業などでのシャリア準拠サービスなどの分野において、INHARTはハラル業界の未来のリーダーを育て、求められるニーズに応えられるような、十分な訓練を受けた人材を提供していくことを目指している。

第1章

法学とハラル認証

イスラム法とイスラム教徒の生活におけるハラルの重要性
― ファウジア・モハマド・ノール ―

　イスラムの法体系は、義務行為（wajib）、禁止行為（haram）、推奨行為（mandub）、忌避行為（makruh）、許容行為（mubah）という主に5つの範疇（hukum）から成り立っている。イスラム教徒の生活を規定している法の原則は、シャリア（maqasid as-Shariah）の意図している目的を達成するということである。イスラム法が目指しているものとは宗教の保護、生活の保護、精神の保護、血統の保護、そして財産の保護である。人間の幸福に関わる根本的な原則と主要な価値観を築いていく上で、シャリアは重要な手段である。イスラム法とその法の原則というのはつまり、人々を悪意や不正から守るという普遍的な考えのもと、生きていくために最低限必要なものを提供し、生活の尊厳を保護するために規定されているのだと言うことができるだろう。事実、イスラム法は全て、この世界と死後の世界について人々が携わるについて規定したものである。本稿ではハラルの原則と、イスラム教徒にとっての重要性に焦点を当ててみる。
　イスラム教徒に課されている義務の一つに、労働の対価として得るもの

や消費するものは、すべて純粋でハラルでなければいけない、というものがある。クルアーンと預言者ムハンマドの伝承録（ハディース：hadith）によると、ハラルの食品を消費するということがアッラー（神）の教えであり、イスラムの信仰の中でも本質的な部分であるとされている。

「人びとよ、地上にあるものの中良い合法なものを食べて、悪魔の歩みに従ってはならない。」

※（聖クルアーン　2：168）

「信仰する者よ、われがあなたがたに与えた良いものを食べなさい。そしてアッラーに感謝しなさい。もしあなたがたが本当にかれに仕えるのであるならば。」

（聖クルアーン　2：172）

「ハラルは明快であり、ハラムも明快である。その間には、人びとにはわからない、疑わしきものがある。宗教と誇りを守るために疑わしきものを避けるのが安全だろう。疑わしきに浸る者は、非法なものに浸る者である。」

(Sahih Bukhari)

「非法なもので作られた体では天国には入れない。」

(Sunan Baihaqi)

上の伝承録を見てもわかるように、法に則っていないもの（ハラム）を消費することや飲食することをイスラムが認めていない、という点は明らかである。

ハラルであるか、ハラムであるかの判断は、イスラム法にとって真正の原典であるクルアーンとスンナ（al-Sunnah：預言者ムハンマドの言行・範例）に照らして下す必要がある。イジュマーウ（Ijma'：イスラム法学者に

よる統一見解)やキヤース(qiyas：法的類推)などの二次的な資料も、イスラム法にとって重要なものである。ハラルとはアラビア語で法に則っていることを意味する単語であり、ハラル(halal)の対義語であるハラム(haram)は法に則っていない、もしくは禁止されているということを意味する。ハラルとみなされる行動、もの、振る舞いであれば、個人はその中で選択の自由があり、ハラルである限りはその行動の結果によって報酬や懲罰を受けることはないというものである。一方、ハラムとは、法律の制定者(アッラー)が明確に禁止しているものを指し、これに従わないものはこの世界もしくは死後の世界において懲罰を受けることになるものである。

ハラルという考えに則り、イスラム法学者はいくつか法律面での格言を残している。

「禁止行為であるという証拠がないものは、通常許容行為であると判断される」

実際にも、許容行為(mubah)という原則は幅広い範囲を網羅しており、食物、陸上・海中の動物、商行為、契約などさまざまなものを規定している。

ハラルとハラムという原則は食べ物と飲み物だけの考え方ではないという点にも注意が必要だろう。実際には食べ物や飲み物だけでなく、化粧品や衣料品、取引、スポーツ、娯楽なども含まれている。

食べ物に関して言うと、クルアーンではハラム(法に則っていない、もしくは禁止されている)であると明示していない限りは、全ての食べ物はハラル(法に則っている、許容されている)であると示されている。

「あなたがたに禁じられたものは、死肉、(流れる)血、豚肉、アッラー以外の名を唱え(殺され)たもの、絞め殺されたもの、撃ち殺されたもの、墜死したもの、角で突き殺されたもの、野獣が食い残したもの、(ただしこの種のものでも)あなたがたがそ

の止めをさしたものは別である。また石壇に生贄とされたもの、籤で分配されたものである。これらは忌まわしいものである…」

(聖クルアーン　5：3)

上のクルアーンの抜粋を見ればすぐにわかるように、食物の中でも肉についてはもっとも厳格に規定されている。動物自体がハラルであっても、解体する段階でアッラーの名において屠殺する必要がある。さらには解体手順だけでなく、動物由来の飼料など法に則っている餌だけを使う飼育場で飼育され、そこから調達するという点も重要である。

ワインやその他アルコール類の消費はクルアーンによって明確に禁止されている。

「あなたがた信仰する者よ、誠に酒と賭矢、偶像と占い矢は、忌み嫌われる悪魔の業である。これを避けなさい。恐らくあなたがたは成功するであろう。」

(聖クルアーン　5：90)

ハムル（Khamr：アルコール類）は、消費する人間にとってハラムであるのはもちろんのこと、その製造者、販売者、およびアルコール類販売に携わって利益を得る者すべてを含めてハラムである。

イスラム教で下された法的な判断にはすべて目的と、そこに蓄積された知恵がこめられている。クルアーンや預言者による言行・範例（スンナ：Sunnah）で説明されている知恵もあれば、知識階級が後に定義、解釈をしたものもある。神の教えを人々が理解し活用できるようにするためには、科学や研究を利用していくべきではあるが、神の警告を受け入れたり拒絶するという判断が伴う場合には、科学や論理的判断にのみ頼ってはいけない。これまでにも、禁止事項について科学的根拠を示すための説明が試みられてきた。例えば、人間が動物の死体を食すことは認められていない、というのは、死体の腐敗が人体に有害な化学物質を作り出すから、という形で説明が可能である。他にも、死体から抜取られた血も、有害なバ

クテリアや毒を含んでいる。豚は旋毛虫や有鉤条虫など、人体に侵入して感染症を引き起こす病原体を持っている。また、豚の脂肪組織は人間の脂肪や人体と適合しないということも言及されている。

ワインやアルコール類は精神や神経に対して害があると考えられており、人々の判断が鈍り、社会的な問題や家族のトラブルを引き起こすこともある。このように、食べ物の消費をイスラム法で規定しているのは、人々を守るためであると言うこともできるのである。

ただし、極度の飢餓や喉の渇きなど緊急の場合は、通常禁止されている食べ物や飲み物を消費することもイスラム法では認めている。

「…しかし罪を犯す意図なく、飢えに迫られたものには、本当にアッラーは寛容にして慈悲深くあられる。」

(聖クルアーン　5：30)

この例外については、イスラム法の格言でも以下のように言及されている。

「禁止事項でも、必要がある場合には合法となりうる」

この決まりは、生死を分かつような状況など、医療の現場でも適用可能である。髄膜炎（脳と脊髄をつなぐ皮膜の炎症）を治療するワクチンはハラルでなくても、利用しても構わない。このようなワクチンは豚から抽出される成分でできているのだが、西欧諸国から輸入されている。イスラムの科学者にとって、医療分野でハラルとみなされるワクチンを研究して製造するということが今後の課題だろう。そのため、ハラル業界は食肉の製造、医薬品、化粧品、栄養補給食品で活用されているバイオ技術を積極的に取り入れていくべきである。

商取引について、イスラム教では契約を単なる二者間・多者間の私的な合意とは捉えておらず、公益に害があったり不公平であるような合意はイスラム法上禁止されている。商取引や契約においてリバー（高利貸しや利息を求めるシステム）をイスラムでは禁止していることからも、このこ

とは見て取ることができるだろう。金銭、商品、そのほかどのような財産であっても、売買や融資などで高利貸しを利用することもハラム（禁止事項）であるとみなされる。

また、イスラム法ではイスラム教徒が法に則っていない対象について契約を交わすことを禁じている。大半のイスラム法学者は契約の対象物は適法かつ、純粋で清潔であるべきであると考えている。このため、ワイン、血液、死体、豚など、イスラム法上不純とみなされるものを売買することはできない。しかし、ハナフィー学派では豚の毛や動物の皮などは不純なものではあるが、ワイン、豚肉、死肉、血などの場合とは違い、明確に禁止されていないので契約で取り扱うことも認めている。

イスラム教では国家・共同体（ウンマ：ummah）に重きを置き、ハラルなもの、健全な（トイバ：toyyibah）製品やサービスを消費し、取り扱うことに重点を置いているのは明らかなことであり、ハラル業界が今まで以上に発展していくことが必要である。今後の製品やサービスの改善が業界自身の成長と繁栄につながっていくだろう。イスラム法では、食べ物がハラルであるかどうかだけでなく、その消費上の安全性を確保することも目指している。関係機関はハラル製品の製造プロセス、内容、包装、ラベル、説明書、供給の安全性、マーケティングなど、問題や不正がないように取り組む義務があるだろう。そのためには製造業者や食品製造工場などがハラル認証やハラル・ロゴの使用を認められたあとも、ガイドラインに従って使用するよう、今まで以上に頻繁にチェックをし、実行していくようにしていかなければいけない。

※クルアーン引用部の和文は全て、『日亜対訳聖クルアーン』（日本ムスリム協会刊）を参照。

ハラル認証や研究・研修は必要か？
― ノリア・ラムリ ＆ ハムザ・モハマド・サレー ―

まえがき
　全世界１６億人にも及ぶイスラム教徒が広がる現在、これらの消費者をターゲットとしているハラル業界は、世界的に見て最も急速に拡大しているビジネスの一つだと言える。ハラル認証を受けた製品やサービスは注目を集めており、その需要も高まりつつあり、イスラム教徒が宗教上の義務として関心をもつだけでなく、市場としての強い存在感を示し始めている。また、これらの製品は食品製造の過程で健康、衛生的で汚染の心配がないという原則のもと作られているので、イスラム教徒以外にも魅力が浸透してきている。現在ではハラル業界は食品だけに限らず、化粧品、健康補助食品、医薬品などの消費財、接客業や物流などのサービス業にも急速に拡大している。世界中でハラル製品の市場規模はサービス分野やイスラム金融分野をのぞいても、年間２兆ドルを超えると見られている。

消費の対象に関心をもつべきか？
　イスラム教徒の消費者は日常的に口にする食べ物や飲み物がどのように取り扱われ、加工、保存、包装を経て、提供されるのかについて、関心をもつべきなのだろうか。学識のあるイスラム教徒であっても、口にする食べ物や飲み物の中身について、あえて詮索する人はごく少数派である。大半の人は販売する会社や売り手がイスラム教徒であれば、取り扱っている食べ物や飲み物も当然ハラルに違いないと考えているのだろう。もし完全自給自足のイスラム国であれば、自分たちで生産する食べ物や飲み物は当然ハラルであるし、そこに使われている原材料や含有物、添加物などもハラルとなるだろう。しかし現代の世界では完全自給自足の国というのはありえない。原材料や含有物、半完成品、完成品は世界中をさまざまな形で移動しており、あらゆる国が世界的な経済活動に携わっていると言える。
　イスラム教徒の消費者が食事上の規律や宗教についてより多くの情報を持ち、気を使うようになった結果、消費・利用する製品やサービスの種類

についても注意を払うようになってきている。また、イスラム教徒の購買力の高まりが食品の質の向上につながっており、イスラム教徒の消費者はこれまで以上に詳しい情報を求めるようになり、ハラル食品の中身について詳しく知りたいという要求につながっている。

ハラル認証が必要な理由

　ハラル製品というのは品質がよく、純粋で人間が消費する上で安全であるものを指す。最終製品は多くの場合、さまざまな原材料や中間財を利用しているため、全てひとつの場所で製造されている可能性もあるものの、多くの場合はいろいろな遠隔地から集められて作られている事が多い。最終製品がハラル認証を受けられるかどうかは、内容物の原産地や、全ての製造工程によって決められるものであり、農場で生産されてからテーブルについて口に運ぶまで、あらゆる時点でのチェックが必要である。

　ハラル認証やハラル・ロゴの利用は、消費者、生産者、監督者にとってそれぞれ大きな利点がある。例えば、製品の包装にハラル・ロゴを表示することによって、イスラム教の指針と原則に従った製品を消費、使用することの重要性についての意識がイスラム教徒の間でも高まったと言える。また、食事を提供する場所でハラル・ロゴを表示することにより、イスラム教徒がお客として利用してもいいとわかるようになっている。

　生産者（もしくは食品小売店）がハラル認証を示すことによって、消費者はその店舗の製品や食べ物がイスラムの要求を満たしているということがわかる。生産者や食品小売店はハラル認証を受けることで、認証を受けていない業者よりも強みを発揮することができる。その効果は、多民族や多宗教で構成されている場所であればなおさら顕著であろう。正真正銘のハラル製品であることを示すハラル・ロゴを利用することによって、地元の生産者は他のイスラム教国、およびイスラム教徒の人口が多い国との取引がスムーズに行えるようになる。

　ハラル認証とハラル・ロゴの利点というのは、以下のように要約できるだろう。

- **権威的裏付け**：製品とサービスがハラルであると保証することにより、内容物と製造工程が基準と指針を満たすよう制度的に監督していることを示す
- **消費者の信用**：イスラム教徒の消費者（および教徒以外の一般消費者）に対し、安心感を与える
- **情報を与えた上での選択**：全ての消費者は情報を与えられた上で食品を選択できるようになる
- **相対的優位**：他社に比べた相対的優位を発揮し、製品やニッチ市場に進出できるようになる
- **品質**：製品がハラルの条件だけでなく、厳格な衛生上の要求も満たしているということを示す
- **国際的な承認と輸出市場**：安心感の象徴であり、製品のアイデンティティとなる

ハラル研究が必要な理由

　現時点において、ハラル原材料の製造はニッチな市場だと見られている。消費用の消費者製品を作るために、ハラムであるとわかっている原材料や、身元不明の原材料を使っていることもあるのだが、実際には代替製品がないことが問題の根底にある。費用対効果が高く、技術的にも実現可能な高品質のハラル原材料を市場に供給することは、これからの最重要課題である。このようなハラル原材料を製造して、現在の製品に取って代わるためには、特別な訓練を受けた人間が、慎重な研究を重ねていかなければいけない。

　マレーシアでは、機能性食品、コンビニ食品、食品原材料など、ハラル食品の成長と発展には大きな可能性がある。機能性食品や健康食品、コンビニ食品の市場が拡大しているのは、消費者意識の高まりと、栄養・健康志向製品への特化、忙しい生活スタイルの浸透などが原因として挙げられる。マレーシアで生産される機能性食品や健康食品はさまざまな原材料を利用した食品が主なものになっているが、食品原材料の半分以上は輸入に頼っている。このため、現地生産の食品原材料（各生産者向けにカスタマイズされたもの）、天然由来の食品添加物や香味料などの分野では、大き

く成長できる余地が残されている。特に国内や海外のハラル市場に売り出せるような食品原材料を作り、現在の製品に取って代わるようなハラル製品を作れば、その需要は高いだろう。これを実現するためには、大規模な研究と開発が必要である。

今のところ、ある製品が禁止されている原材料や身元不明の原材料を使っていても、それ以外の選択肢がなかったり、その他の原材料の価格が比較的に高すぎたり、そもそも手に入りにくかったりする事がある。こういった理由から、地元で生産された原材料を利用するための研究開発は、輸入原材料への依存を減らすだけでなく、選択肢を増やすという上で、マレーシアだけでなく世界中のイスラム圏にとっても大きな関心を集めている。

これに加えて、以下のような特別な消費者ニーズに対応する必要がある。

(i) 現在市場で販売されている製品や原材料以外のものを必要とする健康状態にあるような消費者への幅広い対応
(ii) 宗教的な理由、もしくは個人的な理由から、現在販売されているもの以外の製品を求めている個人への対応。このための研究と開発には莫大な労力が必要とされる

研究者やイスラム法学者がファトワ（fatwa：正しいイスラム法解釈）を形成するためだけでなく、世界中のハラル業界がトレーサビリティ（食べ物がどういう経路で消費者に届くかという情報）を確立し、ハラル製品や製造工程に新しい可能性を示し、喫緊の問題や課題に対応していくためにも、その研究成果が必要とされており、上に挙げた以外の分野でもハラルの研究は重要になってくるだろう。

ハラルについての研修を受けた人材の必要性

ハラル業界が発展、拡大し、それを持続させていくためには、ハラルについての専門職を養成し、知識を持った労働人口を育成していくための教育制度と研修プログラムが重要な要素となっている。これにより生産者

（や食品小売り店）による不正や違反を撲滅することにつながっていくだろう。教育制度や研修プログラムをきちんと整えることにより、業務の効率化には何が必要なのか、監督機関が最新の知識を備えることができるようになる。マレーシア国際イスラム大学（IIUM）の中にある国際ハラル研究研修機関（INHART）は、ハラル製品とサービスの世界的なハブとなるというマレーシアの構想に合わせて、ハラル業界のさまざまな関係者向けに教育制度や研修プログラムをすでに提供しており、今後も継続する計画がある。

INHART：ハラル研修とコンサルティングに必要なものは全てここで

ハラルとハラル研修の重要性に対する認知が高まる中、INHARTはハラル中心の研修モジュール、国際的な模擬監査および認証ガイドライン、ハラル認証について興味のある人に対する技術アドバイス業務など、カスタマイズされたものを提供している。プログラムではハラル業界におけるシャリアの原則、ハラルと消費者主義、社内ハラル監査機関（IHA）研修プログラム、食品の安全性について教えている。プログラムの例として以下の様なものがある。

1. **ハラル認知プログラム**

    このプログラムではハラルの概念を理解できるよう一般市民や消費者を教育することを目的に作られている。ハラルと消費者へのその重要性についての情報を提供することを目的にした一日のプログラムである。

2. **ハラル上級研修プログラム**

    独自のハラル監査チームを立ち上げようとしている会社が社内ハラル監査員を養成することを目的に作られている。社内またはクライアントが希望する場所で三日間のコースを提供する。

3. **国際的監査と認証の模擬試験**

    興味を持った会社がマレーシアのハラル認証へ申請する作業を手伝

うことを目的に作られている。書類審査前の監査や、実地の監査、最終ミーティングなど、実際の監査が行われる前に会社が改善できるような提案までを含めたプログラムである。

4. **食品小売り店・ホテル向け研修プログラム**
　　レストランやホテルの経営者がマレーシアのハラル認証を受けることを目的とした研修パッケージ。ハラル認証申請のために必要な理論や実習研修がプログラムには含まれている。

5. **マンツーマンのコーチング**
　　最終的にハラル認証を申請するような施設建設について特殊な支援が必要な会社向けの特別プログラム。

6. **ハラル監査指導者研修（HLAT）プログラム**
　　国際ハラル統合連盟（IHI）と連携して提供している研修プログラムで、講義に三日間、食品工場や食肉処理場での実地の監査に一日、総合的な試験に三時間で構成される。国内だけでなく海外からも参加者がいる。

7. **長期教育プログラム**
　　INHARTはハラル業界の学士、修士、博士課程プログラムについても着手している。マレーシアの高等教育省の認可待ちの段階である。

　国際的にも認知度の高いイスラム向け教育機関であるINHARTは単なる研修プログラムの提供者ではなく、技術、法律、シャリア、イスラム金融などの面で多くの専門家からのサポートを受けており、国際的には世界中に広がったIIUMの卒業生から強力な支持を受けている。設立された2011年から、INHARTは世界第三位の経済大国である中国でハラルのネットワークを構築するため、既に広州、唐山、西安などの都市へ公式訪問を果たしている。

ハラル監査：概要
― ノリア・ラムリ ―

まえがき：ハラル監査とは？

　監査とは、ある活動やその結果が明文化された手続きに準拠しているか、およびその手続が効果的に実施され、当初の目的を達成したかを評価するために行われる、体系的および独立的な検査のことを指す。ハラル食品・飲料業界におけるハラル監査とは、ハラル食品や飲料を生産する上において、特に包装上にハラル・ロゴを表示する場合に、業界がハラルの基準を満たすように徹底することを目的としている。このような監査を行うためには、効率的なハラル認証の組織を業界自身が作っていくことが必須である。認証が与えられるということは、イスラム教徒がその食品や飲料を消費しても安全であり、法に則っていない内容物は含まれていないと保証していることを意味する。監査をすることにより、特定要件についてのハラル・システムへの遵守や、特定の目的についてのハラル・システム実行の有効性、以前の監査で問題があった点が取り決め通りに改善されたかの確認などが、より簡単に実施できるようになるだろう。実際の業務では、ハラル認証機関が製品、原材料、添加物、生産工場、管理体制、経営陣を監査し、認証を与えることになる。製品がハラル認証を受けると、正式にハラル・ロゴ使用を申請できるようになる。この認証を使えば、製品がハラルであると公にすることができ、イスラム教国への輸出や、イスラム教徒の消費者に販売することができるようになる。

ハラル認証で注意する点－マレーシアの場合

　ハラル監査は、以下の点を確認するものである。

1. 計画の段階において製品生産の全ての点でハラルの要件を満たしており、適切な対応がとられているか
2. 生産される食品が現在のシステムで今後もその「ハラル性」を維持することができるか

3. 工場で実際に行われる作業や製造プロセスは、明文化された手続きや、計画書に書かれた標準作業手順（SOP）に従っているか
4. 生産者や製造者は各監督機関が求めている、その他の現行規制要件などにも従っているか。食品法1983、食品規則1985、および危害要因分析（に基づく）必須管理点（HACCP）で記された食品安全と食品衛生要件も、これに含まれる

ハラル監査官

　ハラル監査は認証を受けたハラル監査官が行わなければいけない。ハラル監査官は通常、シャリアと技術面について十分な知識を有した有能な人材が任に就くことになっている。監査官はハラルについての知識はもちろん、前提条件となる食品衛生とその安全性、HACCPなどについても知識を有していなければいけない。監査の技術や、実際のハラルの知識、適正製造手順（GMP）やその前提条件に関連した情報など、自らの能力を証明することによって、監査に必要な能力を持つことが求められる。有能なハラル監査官となるには、以下のような資格と技術が求められる

1. 認定研修プログラムを修了し、その試験に合格した人
2. ハラルと食品の安全を普及させるため、監査において正当な判断を下すことができる人
3. 問題が起こる可能性のある分野について、それを特定し評価する能力を有する人
4. ハラル管理のための方法について、その有効性を評価できる人
5. 監査方法の知識と経験を持つ人
6. 関係業界のプロセスについての知識、ハラルとそのプロセス管理の妥当性を評価する能力を有する人

ハラル監査官に求められる倫理規定

　ハラル監査官に対して国際的に適用されるような一般的な倫理規定は存在しない。しかし、監査される側とは信託関係を結ぶことが想定されてい

るため、監査官が監査プロセスで得た情報については全て守秘義務を負うことになる。ハラル監査の品位、機密性、信頼を維持するためには、ハラル監査官が一定の倫理基準を守り、その規定に従うことが求められる。それには以下の様なものが含まれる。

1. 独立性、機密性、品位を維持する
2. 最新レベルの知識と技術を保つ
3. 監査を受ける企業の記録と書類の機密性を保つ
4. プロとして正確性を持って、偏見を持たずに判断する
5. 対象の証拠ついては、公平に取得し、評価する
6. 個人としての不安や嗜好は持たず、監査の目的に忠実に行動する
7. 国家政策に対しては慎重に対応する
8. 目的から逸脱せずに監査を実施する
9. 監査のプロセスに集中し、それをサポートする
10. 監査を受ける企業や組織から誘いや手数料などを求めない、または受け取らない
11. 利益の不一致や相反がある場合、どちらか一方に肩入れすることはせず、顧客や雇用者に対して判断に影響を与えるような関係を開示しない
12. 法による規定、もしくは監査を受ける企業や組織から書面による同意がない限りは、監査関連の情報を公に話しあったり、公開したりしない
13. 監査や監査官認証プロセスの品位に傷がつくような偽情報や誤情報を意図的に流さない
14. ストレスのかかる状況でも効率的に対応する
15. 組織や認証プロセスの名誉を汚すようなことは決してしない
16. 監査で得た見解に基づいて、納得できる結論を導く
17. 結果を変更しようとする圧力がかかっても、それが正当な証拠に基づいていなければ、自らの結論に忠実であり続ける

ハラル認証の参考文献・ガイドライン

　現在ハラル監査は、マレーシアでハラル食品生産に携わるいくつかの機関が発行するガイドラインに基づいて行われている。ガイドラインには以下のようなものがある。

1. MS1500: 2009 Halal Food-Production, Preparation, Handling and Storage - General Guidelines（マレーシア基準　ハラル食品　－製造、準備、取扱および貯蔵－　一般原則）
2. Manual Procedure 'Pensijilan Halal Malaysia 2005, JAKIM'（マレーシアのハラル認定マニュアル）
3. MS1480: 2007 Food Safety according to HACCP （HACCPによる食品安全システム）
4. MS1514: 2001 General Principles of Food Hygiene （食品衛生の一般原則）
5. Food Act 1983　（食品法1983）
6. Food Regulations 1985　（食品規則1985）

Malaysian Certification Scheme (MCS) - Guidelines （マレーシア認証制度 - ガイドライン）

1. MCS1 Guidelines for HACCP Certification 2001（HACCP認証ガイドライン）
2. MCS2 Guidelines for HACCP Compliance Audit 2001（HACCPコンプライアンス監査ガイドライン）
3. MCS3 Guidelines for Certification of HACCP Compliance Auditors 2001（HACCPコンプライアンス監査官認証ガイドライン）
4. GMP Guidelines on GMP and Certification Scheme 2006（製造品質管理基準（GMP）および認証制度ガイドライン）

ハラル監査の前提条件

　上記の法律やガイドライン以外にも、現行法律、規制、ガイドラインだ

けではなく、初期の段階では獣医サービス局、農業省、漁業省など関係機関が確立した慣習にも基づいて監査を実施している。農業省は農園レベルにおいて、優良農業慣行（GAP）を実施して、当該の農産物は食品規則1985に認められている農薬の最大残留基準（MRLs）を超えるような殺虫剤は残留しておらず、人間が消費しても安全であることを確認している。家畜や家禽類については、獣医サービス局が優良動物・畜産慣行（GAHP）を設定し、不必要な薬品残留物が無く、人間がこれらの畜産物や動物性食品を消費しても安全であることを保証している。一方、漁業省は魚や水産物が現行規制で設定された安全基準を満たすようにするという同様の目的から、優良水産物慣行（GAqP）を監督している。

第2章

ハラル食製品とプロセス

ハラル食品の調理に関する一般ガイドライン
― イルワンディ・ジャスウィル ―

　ハラル食品（イスラム教で許容されている食品）への需要というのは、イスラム教徒の増加にともなって拡大している。イスラム教徒が法を遵守しようとすればハラル食に関する知識を持つことが重要なのは当然だが、イスラム教徒向けに製品を売りだそうとする食品会社や飲料会社、そして現在はまだこれらの法に従っていないが興味を持っているような消費者にとっても重要なものである。おおまかに言うと、アッラーによって創造されたものは全て許容されるものであるが、例外として、クルアーンと預言者ムハンマドの言行・範例（スンナ：Sunnah）という真正な文献によって明確に禁止されているものはハラム（禁止行為）とみなされる。食肉の中で例外として禁止されているのは豚肉、血、適切な屠殺以外の方法で殺された動物の肉である。禁止されている根本的な理由は、これらのものが不純であり、害を及ぼすからである。ハラルの要件に従うことで、従来からある品質基準（ISO、HAACP、Codex、GHP、GMPなど）を満たすことにもなるので、通常イスラム教徒以外の消費者向けに販売することもできる。

対象となる市場は16億人にも上るため、ハラル食品の需要は年間5500億ドルにもなると予測されている。人口増、肉の消費量増にくわえ、食肉価格の下落による影響を受け、世界中での食肉に対する需要は増加をしている。食肉輸出業者に対しては、ハラルの要件を満たして認証をとることが求められるようになったことで、ハラルの食肉供給も成長してきている。今後ハラル製品を世界中で売り出していくためには、ハラル認証の統一基準が求められてくるであろうし、それは消費者の利便性にもつながっていくだろう。本稿ではハラル食品の調理と生産についての一般的ガイドラインを示すことにする。食品の調理と生産には、主に4つのタイプがある。

1. **一回限りの生産**

    これはウエディングケーキなど、顧客が指定をした仕様に応じて生産する際に使われる方法である。作られる製品は一回限りであり、デザインの細かさや生産者の能力に応じて、数日間かかることがある。

2. **限定生産**

    これは市場の規模がわかっておらず、いくつかの製品を生産している場合に用いられる方法である。同一商品を一定数ひとまとめにして生産をすることになる。例えばパン屋でチキンパイを生産する際には生産個数を事前に決める必要があるが、そのためにはおよそどれ位の顧客がチキンパイを買うのか見積もる必要がある。

3. **大量生産**

    これは同一商品に対して大きな需要を持つ市場がある場合に使われる方法である。チョコレートや冷凍食品、缶詰などが例として挙げられる。生産工程は細分化されている。

4. **注文生産**

    この生産方法は主にレストラン等で使われる。製品の全ての材料は揃えられていて、客は自分の欲しいものを指示し、店舗側はその場で作る。

食品はハラルの観点から、およびハラルの調理と生産のためのガイドライン制定のため、大きく4つのカテゴリーに分けられている。

1. **肉類**

　　イスラム教徒が消費してもいいのは、ハラルの動物に限られている。屠殺する家畜には、健全なイスラム教徒が神の名を唱えながら屠殺した、病気のない個体を使う必要がある。鋭利なナイフで喉を切ることにより、血液をすぐ取り除き、動物が苦しまずにすぐに死ねるようにする。イスラムでは動物の扱いを人道的に行うことを強調しているが、これはできるだけやるようにというだけであり、扱いを誤ったとしても、その肉がハラムになるというわけではない。アメリカやカナダなど一部の国では動物を失神させた上で宗教的でない方法で屠殺しているが、気絶させる事自体は命に影響がないため、一般に認められている。多くのヨーロッパ諸国では失神させる際の強度が強すぎるため、家畜は血を取り除く前に死んでしまう。結果これはハラルの肉とは認められず、イスラム教徒の消費には適さなくなる。

　　Dhabhといわれるイスラムの教えに従った屠殺方法を守ることは、いくつかの利点がある。鋭利なナイフや刃を使うことで屠殺に要する時間が短くなり、失神させるよりも痛みが少ないと考えられているからである。Dhabhという方法は早く効率的に血を抜くこともできる。血管を切ることにより、体内の血をより早く除去することができるようになるのである。

2. **魚と海産物**

　　魚と海産物については、イスラム法学の中や、いろいろな地域の文化的な違いにもよって、イスラム教徒の間にもさまざまな考えがある。鱗のある魚については、全てのイスラム教徒の宗派やグループに受け入れられているが、なまずのように鱗のない魚を食べないグループはいくつかある。イスラム学者が意見を異にするのは、軟体動物（貝、牡蠣、イカ）や甲殻類（エビ、ロブスター、カニ）などといった海産物を許容するかどうかという点である。制限がかけられるのは、魚や海産物その

ものだけにかぎらず、そのような原料から作られた香味料や材料なども含められる。

3. ミルクと卵

　ハラルの動物からとられたミルクや卵もまたハラルである。大半のミルクは牛、卵は鶏のものであり、その他の動物のものであればその旨をラベルで知らせる必要がある。ミルクはチーズやバター、クリームなど多くの食品の原材料であり、卵もパン類や乳化剤、一部のアミノ酸などその他の食品の原料として使われている。

4. 植物と野菜類

　植物由来の食品は、ハムル（陶酔作用のある物質）や毒性のあるものを除けば、基本全てハラルである。食品生産工場では、動物と野菜類の製品を同じ工場で製造されることがあり、その肉と野菜が接触すると二次汚染を起こしてハラルでなくなる恐れを引き起こすことがありうる。このため、食品の生産業者はハラル食材とそれ以外の食材を分け、適切な清掃作業を行うことが必要である。

ハラル食品の調理において、食品製造業者が注意するべき点は他にもある。

1. 食材

　材料の中でも特に注意が必要なのが、ゼラチン、グリセリン、乳化剤、酵素、アルコール、動物性脂肪、タンパク質、香味料などである。食材は植物由来のものと動物由来のものはどちらも認められている。これらのものは天然物質と合成物質に分類される。

2. 清潔さと二次汚染

　ハラル食品の調理をする上で、汚染源となりうるもの（物理的・化学的な汚染、微生物）は全て排除しなければいけない。イスラムの食に関する法律が重んじているのは清潔さ、衛生、純度である。台所用具は全て清潔に保ち、法に則っていないものや有害なものからは遠ざ

けて汚染しないようにしなければいけない。イスラム教徒の消費者にとって二次汚染も重要な問題である。ほとんどの加工食品は原材料から幾つものプロセスを経て最終製品となるが、どの段階においても汚染が起きる可能性はある。例えば、ほとんどの工場では同じ設備や生産ラインを使って、ハラル食品とハラルでない食品を両方共作っているだろうが、ハラル食品の汚染を防ぐためには、これら生産ラインをきちんと洗浄することが必要になる。

3. **品質保証ガイドライン**

　　各国で異なるハラル食品の生産手続きを行うためには、よく知られている手順を利用して食品生産の品質を保証することがよいだろう。なかでもよく利用されているのは「Codex Alimentarius」や「HACCP」などだろう。マレーシアやシンガポール、インドネシアなどの国で作られたハラル用ガイドラインも参考として使うとよいだろう。

4. **包装**

　　包装で使われている素材がハラルかどうかという点も疑問の余地がある。プラスチック製のものや、レンジで使用可能な容器は使用しても大丈夫のように見えるが、これら容器は、生産するために使われた材料の一部が不明であることがある。プラスチック製容器の生産にはステアリン酸が使われていることが多い。また、金属製の缶も生産過程の中での成形や切断に油を利用することがあり、この油は動物性脂肪のことがあるため、ハラルと言えない可能性がある。豚肉や豚の脂身を含んだ食品を運搬するために使われるスチールドラムはどれだけ徹底して洗浄しても、少量でも残留していれば、純粋なハラル製品が汚染されているとも言える。

5. **ラベル**

　　ラベルは消費者のために書かれているもので、詳細で明解、意味のある情報を明記するべきである。残念ながら一部の食材のラベルは、

食材の生産地を記載していない。例えばキャンディーの生産にはステアリン酸マグネシウムやステアリン酸カルシウムが使われているが、その生産地は説明されていない。チューインガムについても同様に多くの疑問がある。チューインガムの包装にはよく「ガム基礎剤、砂糖、コーンシロップ、香味料、軟化剤」と記載されているが、消費者がガム基礎剤や軟化剤を理解できると思っているのだろうか。ラベルにもっと具体的な記述をすることが、業界関係者には求められるだろう。チョコレートも一つのよい例である。ヨーロッパではココアバターのコストを削減するために、5%までは植物性脂肪や動物性脂肪の使用が認められているが、この場合でもラベルには純粋なチョコレートと記載してもよいことになっている。香味料についても、ハラルではない原材料が一部使われている可能性がある。食品の成分や生成にアルコールが使用されているのであれば、アルコールを使っていると記載するべきであろう。

6. **研究室での分析**

　市場に出回っている食品がハラルかどうかを確認するためには、適切な研究設備が必要になる。ハラル業界においては、ハラルを全ての側面から規定するような政策を関係機関や政府で定めていく必要があるだろう。

食品業界において製造品質管理基準（GMP）に合わせた生産業務を行うために
― イルワンディ・ジャスウィル ―

　マレーシア政府はハラル業界が大きな可能性を秘めた新しい成長セクターとみなし、2010年には25％成長すると予測していた。これは国際貿易産業省が設定した目標値である。世界中に広がるイスラム教徒が豊かになり、ハラル製品の重要性に対する認識が広がることにより、ハラル製品とサービスに対する大きな需要が生まれたのである。

　ハラル製品は世界中で2.1兆ドルの市場規模があると見られている。これだけ大きな市場があれば、起業家たちにとっては魅力あるビジネスチャンスとして映るだろう。

　マレーシアはハラル産業の先駆者になるという目標を持っており、それを実現するためには、民間セクターの積極的な参加が必要であった。新しい製品分野への投資促進、現行生産設備の改良、研究開発の強化、テクノロジーの獲得、マーケティングや宣伝には民間の参加が必須となるからである。

　現在のところ、マレーシアの食品産業には5565の食品生産業者、172,252の飲食サービス提供者（売店、レストラン等）がいる。食品加工セクターはマレーシア食品の10％を生産している一方、加工食品は80カ国に輸出され、年間の総額は50億リンギットを超え、食品輸出全体の総額100億リンギット強の3分の2に達する。

　このため、食品産業はイスラム教徒向けの市場へ製品を生産するために求められていることを理解する必要がある。また、宗教的な側面だけでなく輸入製品に課される安全基準など、イスラム教徒を抱える国の輸入要件についても、理解しなければいけない。多くの国はハラルについてのガイドラインを設定している。

　食品生産業者がハラルに準拠した製品を実際に生産する場合は、システムを導入することがよいだろう。ハラル認証システム（HAS）は、業者が

市場に出している製品は間違いなくハラルであり、ハラルでない製品や疑いのある製品が間違って作られたり生産工程を省略したという可能性はない、ということを保証するものである。

　HASは一般的にTQM（総合品質管理）という概念で成り立っており、4つの主な基準がある。

1. ハラル食品生産への注力
2. 消費者の需要
3. コスト上昇を抑えた品質改善
4. 修正、不良品・廃棄、検査を必要としない商品の安定生産

　HASの設定と利用は、「スリーゼロ」というコンセプトの下、理想的かつ実現可能な目標を設定している。

1. この製品の生産にはハラムの成分は入っていない（ゼロリミット）
2. ハラム製品は生産しない（ゼロプロダクト）
3. システム実行にはリスクが全くない（ゼロリスク）

　システムとしてのHASは5つの主な要素で構成されている。

1. ハラル管理とハラル・システムの基準
2. ハラル・システムの基準の管理
3. ハラムの分析と重要点の管理（HrACCP）
4. ハラルの指導
5. ハラルのデータベース

　HrACCPはハラムの危険性や注意点を測るもので、システムとして6つの重要点で構成されている。

1. ハラム成分の確認と評価
2. 注意点の確認

3. 管理体制の設置
4. 修正のための行動と対策の設置
5. 文書保存システムの設立
6. 検査手続きの設置

　基本的に、HASは独立したシステムとして導入し、ISO9000などの現行システムに組み入れるのがいいだろう。多くの国では、国際食品規格委員会が採択したコーデックス国際基準（CAC/GL 24-1997）である「ハラルという単語の使用についての一般ガイドライン」が既に確立されているものであり、ハラルの要件を満たすためにも役に立つだろう。

　現在マレーシアの食品・飲料業界ではさまざまな基準が採用されている。これはマレーシア貿易開発公社の仕事であるが、こうして採択されたものの中には、危害要因分析（に基づく）必須管理点（HACCP）、製造品質管理基準（GMP）、衛生標準作業手順（SOP）などがある。ISO9000は食品生産の健全な経営システムの基礎として利用できるため、適切な経営水準にあるかを判断するためにも使われる。品質保証システムが十分でない企業はISO9000を採用する際のコストが通常よりも高くなるが、時間が経つとともに、多くの利点があることに気づくだろう。上述したシステムは主に3つのカテゴリーに分類できる。

(a) 国際基準
(b) 国内保証
(c) 商標権品質保証システム（QA）

　マレーシア政府イスラム開発庁（JAKIM）は「ハラル性」や「ハラルの品位」について、ハラル認証は宗教として必要なだけではないという。生産業者がハラル認証を得ようとすれば、清潔さと品質管理において厳格な基準をクリアしなければいけない。マレーシアではJAKIM、標準局、マレーシアイスラム理解研究所、マレーシア標準工業研究所（SIRIM）などの機関を通じて、MS1500:2009という包括的なハラル食品基準を策定・改正した。

MS1500:2009はマレーシアのハラル基準であり、食品製造業者がシャリア、HACCP、GMPが課している条件を満たしながら、製品を生産できるようプロセスを管理し、ガイダンスをするために役立つものである。言い換えるならば、マレーシアで使われている基準は、ハラル食品の生産、調理、取り扱い、保管について、一般的にも使用できるガイドラインであり、それを政府が保証するものである。ハラル製品が世界で受け入れられるためには、認証の発行が確かに必要なのである。

ハラル食品の分析
― モハメド・エルワシグ・サイード・ミルガニ ―

はじめに

　ハラルとはクルアーンと預言者ムハンマドの言行・範例からとられたイスラムの用語で、「許される、または法に則っている」ものを指す。ハラムも同様にイスラムの用語で、「法に則っていない、禁止されている」ことを意味する。食品や消費者製品に関するハラルとは、「イスラム教徒が消費または利用しても許されるもの」を指し、ハラムはそうでないものを指す。ハラルについてクルアーンではいくつかの例を上げている。

　　「人びとよ、地上にあるものの中良い合法なものを食べて、悪魔の歩みに従ってはならない。本当にかれは、あなたがたにとって公然の敵である。」

（聖クルアーン　2：168）

　　「あなたがた信仰するものよ、アッラーがあなたがたに許される、良いものを禁じてはならない。また法を越えてはならない。アッラーは、法を越える者を御愛でにならない。アッラーがあなたがたに与えられた良い（清潔で）合法なものを食べなさい。あなたがたが信じているアッラーを畏れなさい。」

（聖クルアーン　5：87－88）

　真にハラルである食品や商品を消費していくことは、イスラム教徒にとって最も重要なものである。ハラルであるためには、農場で生産されてからテーブルについて口に運ぶまで、生産加工の全ての段階において、全ての材料がハラルとして認められることが求められる。イスラム教徒が世界中で16億人にのぼるということから、多くの企業はハラルをマーケティングの一つのツールとして利用するため、ハラルの考えを取り入れようとし

ている。また、クルアーンで度々言及されているように、イスラムでは食品はハラルかつトイブ（許されている、かつ健全）である必要がある、という点も重要だろう。ハラル食品とは現代の食品産業では高品質かつ消費しても安全な食品であるということを意味し、危害要因分析（に基づく）必須管理点（HACCP）に規定されている国際的な食品安全水準にも準拠しており、シャリアでも当然認められるべきである。

ハラル食品分析の課題

　食品の加工と生産が世界中に広がり原産地が多様化している今、イスラム教徒が市場に出回る食品がハラルかどうかを確認するのはますます難しくなっており、大きな課題となっている。イスラム教徒の消費者の間では、このような加工食品のあり方について不安が広がっている。食品生産者や材料の納入業者は高価格の材料を低品質で安い材料に替えたりすればもうかるものであり、魅力がある。ハラル食品のハラル材料が不純化（特に豚を使った製品などを使用）されるという不正行為や詐欺行為が世界中で数多く報告されている。この他にも、食品生産の最終段階で、意図的ではない形とはいえ、製品がハラルではなくなってしまうというケースがある。

　ハラル食品とはイスラム教徒にとって重要な問題であり、慎重に扱う必要がある。この件については不正行為だけでなく、意図的ではない食品の非ハラル化のケースも数多くあり、関係機関がより厳格な監視をすることが求められている。加工食品を分析するために最も重要な一つとして、ハラルの認証と確認があげられるようになってきている。現時点ではハラル食品を確認するために利用できる分析手段は限られている。ハラル食品の確認や、食品内の非ハラル材料（豚を使ったものなど）の発見のためには、迅速、慎重で信頼性が高く、かつ安価な方法の開発がすぐにでも必要とされている。

　イスラム教徒は意味のある生活をおくるためには、知識と知性、そして理性的な思考の重要性を認識している。その上で、イスラム教徒は創造主が規定した戒律の禁止事項を生活に取り入れると決める際に、科学的証拠のみに頼るべきではない。イスラム教徒であれば、これらの戒律は崇拝

（イバーダ：ibadah）の一環として従うべきなのである。例えばイスラム教の教えではどのような形であっても血を消費することを禁止しており、ハラムであると考える。これが決められたのは、化学的分析により血には人体に害のある化学物質が含まれている、と判明するよりもはるか前のことだったのである。

ハラル食品の認証に使える現在の分析方法

1. ガス・クロマトグラフィー （FAC/FAMEおよびTAG分析）

　　ガス液体クロマトグラフィー（GLC）はガス・クロマトグラフィー（GC）としても知られ、分解せずに蒸発する混合物の分離・分析のために有機化学で利用される、一般的なクロマトグラフィーである。食品に非ハラルの材料が使われているかの測定、有毒性の分析などが、一般的なGCの使用方法である（有毒である場合はトイブでない、つまり非ハラルであるとみなされる）。

2. ガス・クロマトグラフィー （質量分析 GC-MS）

　　GCと類似した方法だが、GCとMSという2つの手法は合わせて一つの強力な分析方法として、化学混合物質の分析に使われ、より正確性、信頼性、速度が高くなると見られている。現在ではGC-MSの設備はコンピュータに接続されており、高度なソフトウェアを利用して、分析対象の混合物の構造をデータベースに蓄積することができる。

3. 顕微鏡測定

　　皮革製品に非ハラルな革が利用されていないかを判断するために使われる。非ハラル食品の判定にも使うことが可能である。

4. フーリエ変換赤外分光（FTIR）光度計

　　FTIR光度計は動物性脂肪、チョコレート、ケーキ、ビスケットなどの食品サンプルに対し、ラードなどの非ハラルな材料が使われていないかを分析するのに使われる。この分析にはFTIRスペクトルの分析結果の特性結果を判断し、違いを特定することなどが含まれる。FTIR光度計は計量化学分析とともに利用することで、迅速、シンプルで信頼

性が高く環境にも優しい分析法となり、ラードが混ざった食品サンプルの低量な不純物なども数値を検出することができるようになる（35％検出限界）。

5. **電子鼻（E-Nose）技術**

　　E-noseとは近年導入された分析機器で、特定の化学物質により大気成分に変化が生じた場合、迅速に特定し、計量するというものである。気体が漏れたり、液体がこぼれた際に、除去清掃を監視するためにも、E-noseは利用することができる。また、食品マトリックスの中に非ハラル食品が混ざっている場合に、臭気または複合臭の特性を示すことにより、迅速に検知するために利用できることも研究によりわかっている。

　　E-noseは人体に潜む病原体を完治することにより、病気の早期発見にも寄与するという可能性も秘めている。近年では電子鼻技術を医療に応用することが研究されている。この新しい電子鼻という技術を利用して、食品や飼料にアフラトキシンやその他マイコトキシンが潜んでいないかを判断するという試みは大きな可能性を秘めていると言えるだろう。

6. **示差走査熱量測定（DSC）**

　　DSCは温度の変化を検出することで物質の物理的性質や化学的性質の変化を観察するという熱分析の技術である。サーモグラムによる分析結果を見ることにより、ラードなど食品サンプル内の添加物や混合物を検出することができる。また、ラードが他の油や動物性脂肪に混ざっている場合、素早く正確に見つけ出すことができる。

7. **分子生物学的アプローチ**

　　分子生物学的手法は、広く世界中の研究施設で利用されている。ポリメラーゼ連鎖反応（PCR）やDNA塩基配列決定法を使うことにより、大半の動物性たんぱく質や関連物質を検知、認証、監視すること

ができ、効率的かつ効果的にハラル認証をできるようになるほか、他の消費者向け製品にも利用することができる。

8. 化学的検査

　従来の湿式化学検査法は、多くの研究室で食品品質の検査のために利用されている。多くの科学者はいまも湿式化学法を好んで使うが、化学品は生物や周囲の環境にとって危険なことが多く、環境にやさしくないと考えられている。

　原材料や食品がどのようなものであっても、包装用材料の検査や微生物検査も重要であり、国内だけでなく、海外輸出でも使われるため、パックされた食品にとっても大きな意味を持つ検査である。
　研究室におけるハラル食品の検査について、その技術的知見を交換し、情報やデータを交換することはイスラム教徒のコミュニティのためだけではなく、食品業界がハラル食品の発展を広げるためにも大きな助けとなるだろう。

マレーシアにおけるハラル研究開発（R&D）

　生産業者や製造業者が行っているハラル食品生産や食品材料・添加物の認証の技術的な部分を補足し、現在使われている非ハラル食品や疑いのある食品材料（shubhahまたはmashbooh）、食品加工の補助剤にとって替われるようなものを見つけるためには、研究開発が必要である。ハラルについて科学的見地から解釈して見解を示すことにより、ハラル食品に関わる全ての人びとは市場の方向性を理解し、ビジネスチャンスを見つけていくことができるだろう。マレーシアをハラル製品とサービスの国際的なハブにするという目標を実現するためには、マレーシア国際イスラム大学（IIUM）の国際ハラル研究研修機関（INHART）とマレーシアプトラ大学（UPM）のハラル製品研究所（HPRI）がマレーシア国内の関連機関と協力し、資源を有効活用し、競争力効果のために力を結集していくことが期待される。

ハラル食品における中度のナジス
(NAJIS MUTAWASSITAH) を調べるために
― イブラヒム・アブ・バカル ―

ハラル食品と中度のナジス（Najis Mutawassitah）

　ハラル食品とはシャリアによって認められた全ての食品、飲料、その他の材料のことを指す（マレーシア基準　ハラル食品：2009）。ハラル食品とみなされるためにはいくつかの条件があるが、シャリアの定義によりナジス（najis）とみなされる材料を使っていない、ナジスとみなされるもので汚染された器具を使って調理、加工、生産されていない、そしてナジスとみなされる食品その他からは物理的に隔離されている、などがあげられる。

　ナジスとはアラビア語で、不浄または汚れているとみなされるものを指す。このナジスという概念は、イスラムの教えでは3つに分類される。

1. 重度のナジス（najis mughallazah）
2. 中度のナジス（najis mutawassitah）
3. 軽度のナジス（najis mukhaffafah）

　中度のナジス（najis mutawassitah）とは具体的には犬と豚を指し、それらが排出する便などの排泄物や、その派生物なども含む。中度のナジス不浄の水準としては重度と軽度のあいだの、中程度とみなされる。糞便、尿、嘔吐物、血、膿汁、死肉、アルコール飲料、そして人間や動物が出す液体・固体の排泄物などが例として挙げられる。軽度のナジスに含まれるのは、母親からの母乳以外の食品を口にしていない二歳以下の男児が排出する尿のみである。

　中度のナジスはnajis mughallazahよりは軽度であるが、間接的な汚染も含むため、要因はさまざまであり、管理するのも困難である。不衛生な原材料、不潔または不健康な人物による食品の取り扱い、不適切な調理や

加工、さらには環境汚染なども考えられる。また、ナジスは食品取り扱い施設にいる動物や害虫などによってもたらされることもある。人的な感覚に頼っていては、食品や設備が中度に汚染されたと確認することは非常に困難である。汚染されていても比較的少量であった場合など、臭いや味、色からナジスを簡単に判断することはできないだろう。ハラル食品の取り扱い、調理、保管をしている施設で中度汚染が起きたかを判断するためには、微生物の分析が必要になる。

中度のナジスにおける微生物

中度のナジスは不潔または汚れているものから発生するものなので、大量かつ多種の微生物を含んでいる。例えば、人間の糞便にはバクテロイデス・フラギリス、バクテロイデス・メラニノジェニクス、バクテロイデス・ソラリス、ラクトバチルス、ウェルシュ菌、ガス壊疽菌群、破傷風菌、ビフィドバクテリウム・ビフィダム、黄色ブドウ球菌、エンテロコッカス・フェカーリス、大腸菌、腸炎菌、チフス菌、クレブシエラ属、エンテロバクター属、プロテウス・ミラビリス、緑膿菌、ペプトストレプトコッカス属、メタン細菌などのバクテリアが存在する。人間の糞便には1グラムあたり4000億ものバクテリアがいるとも言われている。人間及びその他の動物の肥料に存在する微生物病原体は以下の表1に記す。その他にも尿、血、嘔吐物、膿汁など中度汚染に含まれるものも、数多くの病原体を含有している。

表1：人間及びその他の動物の肥料（1グラムあたり）に存在する微生物病原体

	大腸菌群	連鎖球菌	クロストリジウム	バクテロイデス	乳酸菌
人	13,000,000	3,000,000	1,580	5,000,000,000	630,000,000
牛	230,000	1,300,000	200	<1	250
羊	16,000,000	38,000,000	199,000	<1	79,000
豚	3,300,000	84,000,000	3,980	500,000	251,000,000
鶏	1,300,000	3,400,000	250	<1	316,000,000
犬	23,000,000	980,000,000	251,000,000	500,000,000	39,600
猫	7,900,000	27,000,000	25,100,000	795,000,000	630,000,000

中度のナジスを判断するための微生物

常に食品を全ての病原体について検査し、食品内に存在しているか、許

容出来る水準かを判断していくのは現実的な解決策ではない。このため、汚染度合いを示すとともに、病原体の存在を予測し、人体への健康リスクを推定するために、研究者は微生物指標を使った検査を薦めている。これと同じ微生物指標を使ってハラル食品の取り扱い、調理、保管でも中度汚染の度合いを調べることができる。以下に微生物指標の例をいくつか挙げる。

1. **大腸菌群**

　　大腸菌群バクテリアを一覧にすることで、食品や水の総合的な衛生水準を見ることができる。大腸菌群には人や動物の糞便に由来するものと、自然環境から発生するものがあるからである。大腸菌群はグラム陰性で非胞子形成の桿菌であり、35℃から37℃で培養すると酸とガスを発生させるとともに、乳糖（ラクトース）を発酵する。

2. **糞便性大腸菌群**

　　糞便性大腸菌群は通常糞便汚染を調べるために使われるが、糞便性微生物以外も見つけることがある（エンテロバクター、クレブシエラ、サイトロバクターなど）。糞便性大腸菌群のバクテリアは通性嫌気性、グラム陰性で非胞子形成の桿菌である。胆汁塩か同種の表面剤で培養され、オキシダーゼ陰性である。44±0.5℃で培養すると48時間以内にラクトースを分解して、酸とガスを発生させる。

3. **大腸菌（E.coli）**

　　E.coliが発見されるということは、糞便への汚染があったことを意味する。大腸菌群や糞便性大腸菌群との区別は、βグルクロコニダーゼ酵素の活動により判断する。E.coliはグラム陰性の桿菌で、（特に熱帯環境において）腸管下部に生息する温血の生命体である。腸内細菌科エシェリキア属に属し、人や動物の消化管から発生する。このため、通常食品サンプルが糞便に汚染されているかを調べるための指標として利用される。大半のE.coli型は無害だが、血清型O157:H7など一部は人体に深刻な食中毒をもたらす。E.coliは腸管だけにとどまら

ず、短時間であれば体外でも生存可能なため、糞便汚染について環境試料を検査するためには理想的な指標として利用される。

4. **サルモネラ属菌**

　サルモネラは桿菌の一種である。腸内細菌科に属し、人や動物の消化管に生息する。このため、これも糞便感染の指標として利用される。サルモネラは人や動物に腸内細菌感染を引き起こす大きな原因である。サルモネラは食中毒と腸チフスの最も一般的な原因であり、哺乳類、鳥類、爬虫類の腸内に生息する微生物である。健康上有害であるサルモネラには、生肉、生卵、生貝、牛乳やチーズなどの未殺菌乳製品などへの接触を介して感染する。食品業界においては、手にサルモネラ菌を持つ人によって広まるが、体内に取り込まれるまでは危険性はない。

5. **黄色ブドウ球菌**

　黄色ブドウ球菌はもともと人の皮膚、および人や動物の粘液に生息し、膿汁からも見つかる。このため、これが見つかった際には人体の接触、具体的には食品取扱者との接触が原因であると考えられる。黄色ブドウ球菌は非常に小さく（0.5-1マイクロメートル）、グラム陰性で安定した球菌（グレープフルーツのような形状）である。また、通性嫌気性菌でもある。ブドウ球菌は数多く存在するが、黄色ブドウ球菌は中でも最も人体に影響を及ぼす病原体である。

マレーシアでは食品サンプルの中度感染は、主に食品法1983および食品規則1985の規則39の15項に記された微生物基準に従い、微生物指標を使って検査を受けている。

ハラル加工食品と飲料
― イルワンディ・ジャスウィル ―

　イスラムとは単なる儀式的な宗教ではなく、信徒の生活様式をも規定している。イスラムの教えは規則やマナーにも至り、個人的なレベルや社会的なレベルでイスラム教徒の生活に影響を与えている。イスラム教において食事とは儀式的な祈りと同じように、イバーダ（崇拝）の問題であると考えられている。イスラム教徒はイスラムが定める食事に関する行動規範に従うが、ここで認められている食事のことをハラル（法に従っている、許されている）という。イスラム教徒は良質のハラル食品をとるよう努力することが求められている。一方、イスラム教徒以外の消費者にとってハラル食品とは、最高品質を目指して特別に選ばれ加工された食品であると捉えられている。

　食品加工とは、原材料に手を加えて、人びとが消費できる食品にする方法とテクニックであると規定できる。それぞれすでに収穫、屠殺、食肉処理された清潔な材料を、販売可能な食品にするために必要なのが加工作業である。食品の加工と生産にはいくつかの方法がある。食品加工の利点として、毒素の除去、保存、売買や取引の簡易化、食品品質の維持などがあげられる。また、食品によっては季節を通じた食品の安定供給が改善し、デリケートで傷みやすい食品の長距離輸送を可能にし、腐敗性・病原性の微生物を非活性化させることにより、多くの食品を安全に消費できるようになる。現代の多くの家庭では、親の勤務地が家から遠く、このために新鮮な食品を使った食事を用意するための時間がないことが多いのである。

　高品質の加工食品と飲料を実現するため、通常は食品添加物が加えられている。食品と飲料に添加物が取り入れられているのには、いくつかの目的がある。

1. ビタミンなどを追加することで、食品や飲料の栄養価を改善
2. 食品と飲料の風味を改善

3. 大半の食品に対しては見た目、おいしさ、健康水準を維持
4. 乳化剤、安定剤、増粘剤を使うことで、一部食品の品質を一定に維持
5. 多くの食品と飲料では酸度・アルカリ度の管理
6. 一部食品と飲料の特徴的な色を実現

　自然由来、合成物質両方を含め、食品添加物には2000以上の種類があり、これらが市場で販売され、様々な食品・飲料業界で使われている。自然由来の添加物には砂糖、塩、はちみつ、酢、コーンシロップ、イースト、クエン酸、ブラックペッパー、マスタードなどがあり、合成物質による添加物はグルタミン酸ナトリウム（MSG）、硝酸ナトリウム、ブチル化ヒドロキシアニソール（BHA）、ブチル化ヒドロキシトルエン（BHT）、エチレンジアミン四酢酸（EDTA）、サッカリン、合成ビタミン、ホルモンなどがある。

　ハラル食品にとって食品添加物の使用とは、食品・飲料加工のなかで最も大きな問題の一つと言える。食品やその加工の過程に使われる材料や添加物は、全てハラル原料から作られているか、抽出されていなければいけない。イスラム教徒がある食品材料を食べていいかどうかを理解するためには、食品生産業者と消費者は各食品の化学的性質や添加物の原材料、そして原材料がどのようにして作られたのかをまず理解しなければいけない。添加物が植物由来のものであれば、それはハラルと見て間違いない。しかし動物由来である場合、その原材料がハラルなのか、イスラムのしきたりに則って適切に屠殺されたのかを、イスラム教徒の消費者は確認しなければいけない。

　以下の例は、イスラム教徒の消費者にとって問題が起こりやすい食品である。Lグルタミン酸、Lタウリンなど市販されているアミノ酸の多くは植物由来と動物由来両方のものがあるため、疑いがある食品である（shubhahまたはmashbooh）。モノグリセリドやジグリセリドは動物由来のため、これも疑いがある食品とみなされる。水溶性ビタミンBであるピリドキシンも通常、動物の肝臓、卵、肉から抽出されるため、疑いがある食品となる。

　食品添加物はハラルであることの他に、トイブ（安全で健全）であることが求められている。食品添加物の危険性は明らかだろう。硝酸塩は人

体に有害であると言われており、微生物の成長を阻害するため、ボツリヌス中毒（食物経由で起こる死にも至る病気）を引き起こすが、肉に使えば色をピンクに保ち新鮮に見えるため、肉製品によく使われる。保存用の肉の大半には硝酸塩が使われており、これが発がん性物質に変わることがあるとされている。硝酸塩の影響で色がピンクに保たれている肉製品の例として、サラミ、ボローニャソーセージ、ペパロニ、ホットドッグ、コーンビーフなどがあげられる。牛肉や鶏肉に使われるジエチルスチルベストロール（DES）女性ホルモン剤は、オス鶏のメス化の原因として疑われている。サッカリンの過剰摂取も癌の原因になりうると考えられている。一部の食品用着色料も動物実験により、癌の原因になるということがわかっている。出産を控えた女性がカフェインをとると、胎児に奇形が生じる可能性があることもわかっている。このように、食品がハラルでトイブであることは、消費者一般、そして特にイスラム教徒の消費者にとって重要なことだということがわかるだろう。

脂肪と油：ハラルの観点から
— モハメド・エルワシグ・サイード・ミルガニ —

はじめに

　ハラルはクルアーンに出てくる用語で、「認められている、許されている、法に則っている」という意味である。食品や他の消費者製品についてハラルという言葉が使われている場合、「イスラム教徒による消費および使用が認められている」ことを意味する。宗教的な義務への意識がイスラム教徒の間で高まりつつあるなか、ハラル製品やその他エンドユーザー向けの商品に対する需要が拡大している。世界中で16億人いるイスラム教徒は、食品やその他消費者製品が真正なハラルであることを欲しており、それが信徒として求められている。このため、食品や消費者製品について、ハラルという概念をマーケティングの新しいツールとして利用することには大きな可能性があるだろう。脂肪と油（脂質）はさまざまな原料が使われているため種類も多く、食品やその原料として利用されるだけでなく、化粧品業界でも、栄養補給食品や保湿剤、洗浄剤、栄養剤の原料として使われることがある。

　食品や化粧品の生産に関しては、ハラルかハラルで無いかという論争が度々起き、これまでにも新聞やインターネットで報道されてきた。なまずの餌として豚由来の飼料が利用されたこと、豚の脂肪が食品に利用されたこと、ワクチンや薬品に豚由来の原料が使われたこと、ハラルでない原料が化粧品生産に使われたことなど、イスラム教徒消費者の観点から受け入れがたい事例は枚挙にいとまがない。豚由来製品以外でも、イスラム教徒にとって問題があり議論の余地がある問題は多い。イスラムの観点から問題を解決するための選択肢はあるのだが、最良の解決策はハラル原料を使っている代替物を見つけること、または人体の健康や生活に不可欠ではない限りハラルでない製品を使わないことだろう。ただし、もしその製品が単なる浪費や贅沢のために必要なのではなく、人間としての生活の継続に不可欠である場合には、最後の手段として、al-darurah（切迫した必要

性）の概念を一時的に利用することもできるだろう。

脂肪と油（脂質）

　油と脂肪は食品の調理や炒めもの、その他加工食品の調理にも広く使われている。加工食品については不純物が入りやすいため、特に脂肪と油の使用について品質評価と認証をすることが日に日に重要度を増してきている。市場で売られている脂肪や油について、特定の利用方法に適しているのかどうか科学的な方法で認証するということは意味があるだろう。特にハラルの食品を使うことはイスラム教徒に義務として課せられているため、信徒の食事という宗教的な観点でその意義は大きい。脂肪と油を認証し、その成分を特定・分析するために、屈折率、脂肪の粘性や融点、脂肪酸や脂肪酸塩などの物理的な検査が行われてきた。加えて、過酸化物価、ライハルト価、ポレンスキ価、ヨード価、鹸化価、アセチル価などの化学的検査も数多く存在する。これらの検査を行うことにより、脂肪の構成や、脂肪酸の構成、その他にも脂肪や油に含まれる非グリセリド物質についての情報が明らかになる。近代的な認証方法は、クロマトグラフィーの開発から始まったと言える。初めてガス・クロマトグラフィー（GC）が実用的目的に使われたのは、脂肪酸の中のメチルエステルを分離するというものだった。現在では、GCや高速液体クロマトグラフィー（HPLC）は、結果が簡単に短時間で手に入るため、脂肪や油の成分の認証のために利用されるようになっている。近年では脂肪や油の化合物や官能基を特定するため、フーリエ変換赤外分光（FTIR）光度計も特別な高速分析手法として利用される。脂肪や油の認証をするためには、いくつもの分析を重ね、その結果を照らし合わせることが最良の方法だろう。

動物性脂肪と科学的手法による検出・分析

　動物性脂肪は数多くの食品用途に使用されてきた。過去には新しい製品の開発のため、ラードや獣脂を植物性油と混ぜていたこともある。動物性脂肪は香りを強調したり、炒めものを安定させたりするためにひまわり油に混ぜて使われることもある。例えばひまわり油を牛脂と混ぜ、特別なショートニングを作っていたこともある。しかし宗教的な理由だけでなく、

栄養上の理由から動物性脂肪の利用に対して否定的な考えもあることから、動物性脂肪を植物油と混ぜることは、あまり望ましくないと考えられているので、食品に使われている動物性脂肪を検出するための試みがこれまでにも行われてきた。示差走査熱量計（DSC）という機械は、ラードを他の動物性脂肪と区別するだけでなく、ひまわり油などの植物油にラードが混ざっていないかを検査するためにも使われる。

　現在市場で売られているパンのうち、パイ生地が利用されている割合は高く、これがパン製品の大規模生産を可能にしている。昔ながらのパイ生地とは、材料の種類や量、混ぜる方法、型作りなどで多少の変更はあったものの、小麦、脂肪、塩、水から作られている。バターやマーガリンなどよく使われている脂肪は、パイ生地の柔らかさやサクサク感を作り出している。パイ生地の脂肪分は少なくても25％、多い場合は75％にもなるため、味を決める重要な要素になっている。純粋な脂肪分であるラードや水素添加したショートニング、脂肪などは、16％ほどの水を含むマーガリンやバターと比べると、異なる特性を示す。しかしパイ生地にラードが混入していることはイスラム教徒の消費者にとって問題である。これまで、脂肪や油、またはケーキやチョコレートなど食品の製造にラードが含まれているかを検知するための研究がされてきており、そのうちの多くが成功を収めてきた。これらの研究ではFTIR光度計が使われるが、硬化大豆油や綿実油がなぜショートニングとして使われるのかは、この方法では分からない。FTIR光度計は脂肪分の官能基を分類するための機械としてこれまでは使われてきたのであり、赤外線（IR）のスペクトルからは、食品サンプル成分について、様々な情報を得ることができる。また、FTIR光度計は純粋なラード、バター、マーガリンの比較検査だけでなく、バターとラード、マーガリンとラードなどパイ生地調理で使われる二元化合物についてもスペクトル分析を行うことができ、食品がハラルであるかどうかを判断するための効果的な分析方法を提供している。

乳化剤

　モノアシルグリセロール（MG）やダイアシルグリセロール（DG）は生産を安定させるための乳化剤として、長年使われてきた。現在ではMG化

合物やDG化合物は、無機アルカリを触媒としたエステル交換（または酵素グリセロール分解）を、植物・動物から取られたトリアシルグリセロール（TAG）とグリセロールでおこなうことで生産される。MGとDGを作る際に使われるTAGや酵素の原料として何を使っているのかは、イスラム教徒消費者にとって大きな問題である。GCやGC-MSなどのクロマトグラフィー技術でMGとDGの混合物を分析することは、TAGの原料を追跡するためにもハラル認証研究にとって重要な課題となっている。この手法は油やラード、バターやヤシなど、様々なTAG原料からMGやDGの配合を解明することができるとわかっている。

脂肪と油の酸化

　脂肪や油（脂質）の酸化とは、酸化によって食品が劣化することを指す。フリーラジカルが脂肪や油の分子から電子を取り、脂質ラジカルという不安定な分子を生成するプロセスのことである。フリーラジカルは酸素に接すると、水とヒドロキシ基、そして不安定で活発な過酸化脂肪酸ラジカルを生成する。活発な過酸化脂肪酸ラジカルは他の脂肪酸と反応してさらに過酸化脂肪酸を形成し、結果この酸化プロセスは連鎖反応を引き起こす。こうして酸化された脂肪と油は、最終的には過酸化物やマロンジアルデヒド、その他発がん性物質を生成するため、非トイブ製品（安全でない）となる。製品の脂質が酸化してしまうのを防ぐためには、生産者が適切な方法で生産、包装、取り扱い、保管し、安全でハラルな酸化防止剤を使用することを目指していくべきである。

脂肪と油（脂質）の劣化

　食品業界を製薬業界など他のセクターと比較すると、その利益幅は比較的小さい。このため、油製品を売る業者の中には類似商品や劣化商品で消費者をだまして売上を伸ばそうとしている者も一部にいる。たとえばラードとバージンココナツオイル（VCO）は似たような色をしているため、VCOにラードが混ざっていても目で確認しただけではわからない。脂肪や油を販売している業界では利益を得るために、ラードをVCOの原料や混ぜ物として利用することがあるのである。こういった分野で認証制度

を整えるということは、法令遵守、安全な原料の使用、ハラルやコーシャー（ユダヤ教の食事規定）などの宗教的理由からも、消費者や生産者、そして立法に携わる人びとにとってもそれぞれ重要な課題である。イスラム教やユダヤ教、ヒンズー教などはラードを含めた豚由来の原料を使う食品や製品の使用を禁じているため、食品や化粧品、医薬品などにラードが混ざっていることは宗教的に大きな問題である。また、他の動物であっても、その原料や使用にあたっては懸念がある。イスラム教徒にとって食品や製品が本当にハラルであるためには、シャリアに則って屠殺されなければいけないからである。動物性脂肪やVCOなど植物油にラードが混ざっていないかを分析するためには、FTIR光度計を計量化学と合わせて利用していくことがいいのかもしれない。

ハラル肉と冷凍食品：ハラルの食肉処理場、包装、保管、取り扱い

― アズラ・アミッド ―

　ハラル肉という言葉を聞くと、私は昔イギリスで体験したことを思い出す。私と夫は博士課程の研究のため、家族とともにサリー州に住むことになった。最初にやったことの一つが、米とハラル肉を探すことだった。親しい友人から、イスラム教徒が多いコミュニティのスーパーマーケットに行くよう言われ、きちんと認定されたハラル肉供給業者から、はじめてイギリスでのハラル肉を購入したのである。

　マレーシアでは幸運なことにハラル肉やハラル冷凍食品が溢れている。スーパーマーケットでハラルのロゴが付いている冷凍肉や食品を買えるのが当然だと思っている。小さな子どもたちでさえ、食べ物を買いたければその包装には、マレーシアではおなじみになっているハラル・ロゴがついていないといけないとわかっている。

　ではハラルとは何なのか。ハラルとはアラビア語で、シャリアによって認められたものや行為で、それをすることで罰を受けることはないと意味する。食品や飲料について言うと、ハラルとはシャリアによって認められ、イスラム教徒が消費することを認められている食品や飲料であることを示す。ハラルであるということは以下の様な観点で、無害であるとみなされて認証を受けていることを意味している。

a. これらの食品や飲料はイスラム教徒にとってハラルでない動物、もしくはシャリアに則っていない方法で屠殺された動物に由来する製品を使っていない

b. これらの食品や飲料はシャリアによってナジス（不浄）とみなされる材料を使っていない

c. これらの食品や飲料はシャリアによって認められていない人体の一部や人由来のものが含まれていない

d. これらの食品や飲料はシャリアによってナジスとみなされるものによって汚染された機器で調理、加工、製造されていない
e. 調理、加工、包装、保管、運搬の過程において、上述した要件を満たしていない食品、およびシャリアによってナジスとみなされるものには物理的に近づけていない

　このような条件を満たす必要が有るので、肉がハラルであるためには、もとの動物がハラルであること、そしてal-zabeh（屠殺、喉を切る）という特別な儀礼で屠殺されていることが必要である。屠殺する時点ではその動物が生きていて健康であることが求められ、屠殺時にはよく研がれたナイフを使って一回で頸静脈、頸動脈、気管を切断し、できるだけ痛みを少なくすることが必要である。切断前には、イスラム教徒の屠殺人がアッラーの名前（tasmiyyah）を唱えることが求められる。ハラル食品の材料は全てシャリアの厳しい基準を守って取り扱い、包装、保管された原料から作られたものである。

　マレーシアでは食肉処理場がハラル認証を受ける前に、ガイドラインを満たすことが求められている。このガイドラインは担当認証機関により作成・採択されたもので、以下のようになっている。

1. 食肉処理者はすべてJAIN（各州のイスラム教局）かMAIN（各州のイスラム教委員会）から有効な屠殺認証を受けたマレーシア市民でなければいけない。
2. 食肉処理者の数は必要な屠殺数に合わせたものでなければいけない。

    i. 一人あたり一時間に牛25頭
    ii. 一人あたり一時間に鶏2000羽

3. 獣医サービス局からの獣医認証
4. 食肉処理場の施設は以下の条件を満たすこと

    i. 住宅地から隔離されている
    ii. 門を設置している
    iii. 常に塵一つなく清潔に保つ

5. 屠殺される動物を全て一つの同じ空間に置かない
6. 全ての設備、保管所、運搬施設は常に塵一つなく清潔に保ち、非ハラルなもの、豚、きちんと屠殺されなかった動物の死骸などと接触することがないようにする
7. 動物を気絶させて殺すことは認められていないが、以下の条件を満たす場合は除く

    i. 家禽類に対しては水中電流失神。牛、水牛、やぎに対しては電気ショックによる失神
    ii. 動物を気絶させる場合はal-zabehの要件を厳格に満たしてなければならず、ハラルの動物以外には認められない
    iii. 電気ショックによる失神では特別な訓練を受けた人員がその電圧を管理監視する

冷凍食品生産施設に対するハラルの条件は以下のようになる。

1. 生もしくは加工された材料及び添加物にはハラルのもののみを使用
2. 使用する材料は申請書に書かれたものに準拠する
3. 常に塵一つなく清潔に保ち、定期的に清掃作業をおこなう
4. すべての設備は合理的な配置を行い、あらゆる危険要因を排除している
5. ハラル製品のみを生産する業者を除き、海外の企業とは取引をしない
6. 以下の施設からは5キロ以上の距離を保つ

    i. 豚舎
    ii 国内の水処理場

7. ハラム（非ハラル）な材料を包装に使用することは禁止
8. 包装の設備は塵一つ無い環境に保つ
9. 包装につけるラベルは簡潔で変更できないようにし、製品の詳細情報を記す
10. 施設には門を設置する

ハラル認証は申請者が上記条件をすべてきちんと守った場合にのみ授与される。マレーシアのハラル食品業界は、このように厳格な原則がしかれているのだが、では輸入されている肉や食品はどうなのだろうか。

　マレーシアでは、冷凍肉や食品を輸入するためには一定の手続きを踏むことが求められている。マレーシア獣医サービス局からの許可に加え、商品の輸入前14日以内に発行された獣医認証を毎回得なければいけない。輸出国からは担当獣医検査官や担当機関からの署名および承認が必要である。また、輸出国が採用している工場の許認可や登録証、および殺菌方法も必要である。製品重量2.2ポンドごとに豚製品が含まれていないことを示すラベルを付けなければいけない。さらに、マレーシア公認のイスラム団体により、イスラムに則った屠殺であることを示す認証を受けている必要があり、製品には「ハラル」というラベルを付け、工場から最終的な輸入に至るまで非ハラル製品からは隔離して置かなければいけない。マレーシアの宗教当局は独自に定期的な施設の追跡調査と認証を行うことが求められている。

　マレーシアで作られた食品や肉についても、JAINの検査官による追跡調査は行われる。このような調査を不定期に行うことで、食肉処理場や冷凍食品工場がハラル認証の基準を満たしていることを確認しているのである。食肉処理場や工場がハラル認証のガイドラインを満たしていない場合には、認証は取り消されることになる。

　面倒で多くの人員を必要とする検査を改善するためにも、現在より信頼性が高く簡単な検査方法を開発していかなければいけない。そのためには肉や冷凍食品のハラルの状態を現場ごとに確認していくことが求められ、そのためには宗教的な観点から科学研究を進める必要がある。このような課題を克服するために国内の大学や研究機関、省庁が協力して、ハラル肉と食品の科学的検査方法開発に特化した「ハラル研究所」の設置を提言している。提言が実施されることにより、現在行われているような面倒で複雑な追跡調査が簡単になることが期待されている。

　数多くの機関が明確な目的を持って、粘り強く団結して取り組むことで、マレーシアは世界的なハラルのハブになるという目標に徐々に近づいて行くことができるだろう。マレーシアだけでなく世界中のイスラム教

徒にとっても、これは望ましいことだと言えるだろう。神のご加護を。
「マレーシア・ボレ」（マレーシアはできる）

― ハラル食製品とプロセス ―

肉業界の屠殺方法
― アズラ・アミッド ―

　5カ年成長計画（2010年は第9次マレーシア計画の最終年）にともなって、マレーシアでは急速な経済成長と人口成長が実現している。このような成長にともなってマレーシアの消費傾向は変化しつつあるが、その原因としては消費者となる人口構成の変化、食品価格の変動、消費者の好みや嗜好の変化などが上げられる。中でも大きな変化の一つが、マレーシア人や在留外国人によるブロイラー、および鶏由来の加工食品の消費が堅調に増加していることだろう。マレーシアの鶏肉産業が急速に発展していることがその一因であり、マレーシアはすでに人口一人あたりの鶏肉消費量が世界最高水準になっている。鶏肉は最も安価で人気のある食肉タンパク質であり、近年ではケンタッキーフライドチキン（KFC）、マクドナルド、ケニー・ロジャース、ナンドズ・チキン、チキンライスショップ、アヤマスなどのファーストフード店が鶏肉消費の拡大を支えている。

　鶏肉は大量生産に対応するため、屠殺前に水中で電流失神させているということをご存知だろうか？水中電流失神とはどういうことなのか？マレーシア国内でも行われているのか？このような調査をマレーシア消費者に対して行ったところ、驚いたことに、マレーシアの鶏は大規模な作業を簡略化するために屠殺前に水中で電流失神させられているという事実を、80％の回答者は知らないと回答した。本稿では許されている（ハラルの）動物の大規模な屠殺というテーマで、特にブロイラーに焦点を当てて、消費者に紹介し、情報を共有したい。イスラム教徒の消費者は自らが食べて飲んでいる食品の原材料や、どのようにして加工されているのかを知る権利があるし、知るべきである。自分の消費するものについては、その品質について妥協するべきではない。なぜなら健全な精神と肉体は通常ハラルで健康な食べ物を取ることから生まれ、これが日々の活動や崇拝に影響を与えるからだ。

マレーシアでハラル認証について中心的な役割を果たすマレーシア政府イスラム開発庁（JAKIM）は屠殺前に気絶させることを推奨していない。しかし鶏肉を大規模に生産する場合、0.25ボルトから0.5ボルトまでの電流であれば利用していいと認めている。通常の水中電流失神の方法では、鶏はベルトコンベアに逆さに吊るされ、電流の流れる水の中に最大3秒まで頭を沈められ、体を麻痺させる。動けなくなった鶏は、この段階ではまだ生きており、この後シャリアに従って屠殺されることになる。この方法は推奨されていないが、失神にとどまらず殺してしまうようなことがない限り、これまでも許容されてきた。ハラル認証機関によって認められていない鶏肉製品をイスラム教徒の消費者は受け入れることがないので、食品提供サービス業界ではハラル認証を受けた鶏肉のみを購入している。消費してもいい動物の失神・屠殺方法が一般的なガイドラインの基準を満たしていない、もしくは違反しているということがマレーシア国内メディアを通じて人びとに知られて、ネガティブな評価を受けてきたため、鶏肉産業が影響を受けただけでなく、消費者の信頼も揺らいできている。
　マレーシアでは鶏肉産業が活発であり、現在では地域内で第三位の鶏肉輸出国となっている一方で、牛や羊の肉については、ニュージーランド、オーストラリア、パキスタンなど供給が需要を上回っている国から大量に輸入している。これらの肉や加工製品が我々の手に届く前に、どのようにして動物が扱われ、屠殺されているのだろうか？
　牛、やぎ、羊の場合は主に3つの方法が取られている。電流による失神を使わない手作業での屠殺、ボルトによる電流失神、通常の電流失神である。ボルトによる電流失神はさらに貫通型と非貫通型に分けられる。貫通型では、ボルトを動物の頭蓋に打ち込み、大脳と小脳の一部を破壊する。脳に致命的なダメージを受けた動物は意識を失い、結果として屠殺の作業が容易になる。非貫通型だとボルトで強く頭蓋を打ち付けるが、貫通はさせない。結果、動物が脳震盪の状態になり意識を失う。どのような手法を使うとしても、最大のポイントは、屠殺前に死ぬことがなく、喉と首を切られなければ自分で回復することができる状態にあるという点である。これはマレーシアだけでなくニュージーランドなど他の国でも大量に屠殺する必要がある場合に採用されてきた。ハラル肉の最大の供給者であり輸出

国でもあるニュージーランドでは独自の基準も設け、屠殺された肉がハラルであると認められるためには数多くの要件を考慮しなければいけないことになっている。

1. ハラルの要件に沿って屠殺される動物は喉を切る前には、安全のために拘束して特に頭と首の動きを制限する。頭部が動くと切断が失敗することが多く、出血のスピードが落ち、意識を失うまでに時間がかかり、痛みが伴うようになる。これは屠殺される動物のためにも好ましくないことである。頸動脈と頸静脈の切断に使うナイフは鋭く保たなければならず、錆や刃こぼれがあってはいけない。これは時間をかけずに顎の後ろを速やかに切断し、短時間で出血を終わらせるために必要とされている。出血のスピードが落ちれば意識を失うのに時間がかかり、肉の品質も落ちると考えられる。
2. 動物は出血前に足かせをつけたり、吊り上げたりしてはいけない。動物の不安感とストレスを増大させるからである。吊り上げることが認められるのは動物が意識を失ってからであり、拘束具を利用する場合は動物にとっても快適なものでなければいけない。
3. 宗教的に条件を満たす屠殺を実施する際には、屠殺者の能力が重要である。関係機関は屠殺を行う人物が正式な免許を受けていることを確認するべきである。技術が未熟であれば動物に不必要な痛みを与え、残酷さが増すことになる。

　ハラルの屠殺方法を批判している国も一部にはある。イスラム教徒としてだけでなく責任ある消費者として、我々は権利をきちんと理解し、購買力を活用すべきであり、この問題で妥協するべきではない。関係機関やイスラム教の消費者団体はハラルが単なる宗教的な問題でなく、ハラル製品が品質保証や生活様式として世界的なシンボルとなりつつあり、マレーシアをはじめとする国では民族や宗教を超えて受け入れられているということを、これらの国に伝えていくべきである。最後に、イスラム教徒の消費者として、我々はハラルの問題に対して、消費者の権利を常に念頭に置いて対処していくべきである。

鶏肉の消費に関するハラルと安全

— パルビーン・ジャマル —

　アッラーはイスラム教徒に対し、健康である限りはハラルであるとして、一部の肉の消費を認めた（人が消費してもいい：トイブtoyyib）。鶏肉はその一例である。鶏肉は羊肉や牛肉と比べて、低品質の白身肉であると考えられることがあるが、多くの国では好んで食されている。その理由は三つあり、安くて、コレステロールが低く、消化がいいからである。発展途上国で鶏肉の飼育が劇的に増加しているのは、恐らくこういった理由からだろう。鶏の飼育は中小規模の農家で行うことができ、比較的低所得の層に対して職を提供できるため、多くの政府機関がさまざまなインセンティブを通じて奨励してきた。しかしその飼育業界の中でも私欲に走る人が増えてくると、少ない金で結果を得ようと、恥ずべき行為に手を染めることがある。このような一部の不正な飼育者は利幅を大きくするために、安価な抗生物質や女性ホルモン剤を投与することがある。世界保健機関（WHO）がこのように危険な薬物の使用を推奨していないにもかかわらず、鶏への投与を認めているのには、主に二つの理由がある。一つは、飼育産業への経済的影響を考慮してのこと、そしてもう一つは人体の健康には長期的影響が無く、消費しても大丈夫だと考えているからである。しかし、基準に満たない抗生物質や女性ホルモン剤を使用することは、実際には健康に対し大きな脅威となりうるという議論もある。影響が小さければ胃の不快感程度で治まるが、最悪の場合は特に消化管に大きな影響を引き起こすことも考えられる。また、抗生物質が与えられた鶏を人間が消費することにより、人体に耐性がついてしまい、後に医者が患者に対して抗生物質を処方しても効果が出なくなり、広域抗生物質しか効かないようになってしまうという恐れもある。これは医学的な観点から見て、好ましくない状況である。

　また、女性ホルモン剤についても、男性、特に男の子が頻繁に消費していると、女性的な特徴を示すようになることがある。このため、一部の専門家は子供が鶏の首や羽の部分を食べることを禁止するべきと強く主張

している。抗生物質や女性ホルモンの他にも、鶏の成長を促進させるために飼育者が使用するステロイドが問題になっている。政府は鶏に対するステロイドの使用を禁止しているが、安価な白身肉に対する需要の急速な拡大と期待できる利益の大きさのため、鶏に対するステロイドの使用は今も止まらない。ステロイドが使われた鶏を消費すると癌など深刻な健康被害が出る可能性があり、その影響は特に女性に対して大きいと考えられている。

　鶏肉を人びとが安全に消費できるようにするためにも、政府は鶏肉産業に携わる従事者が現行法に従うように対策を取り、WHOの基準を満たして、違反者に対する厳格な罰則を適用していくべきである。これらは、通常議会制定法のもとの規則として定められた法律である。一部の国では専門家の不足や汚職のため、きちんと法律が施行されず、状況は悪化してきている。一方で先進国では消費者が自らの権利をよく理解し、購買力をうまく利用しており、さらには法律も適正に施行されているので、状況は大きく違う。一度評判を落とせば、飼育場も商売ができなくなることになるからである。

　放し飼いの鶏（マレーシアではayam kampungという）を好んで食べる人もいるだろう。多くのマレーシア人は放し飼いの鶏のほうがはるかに安全だと考えているようだが、残念ながら必ずしもそうではない。このような鶏も、飼育方法は飼育場で育てられた鶏と大差が無く、同様の抗生物質、ホルモン剤、ステロイドが投与されている可能性があるからである。では、どうすれば私達が買うayam kampungが本当に安全であると確かめられるのだろうか？残念ながらそのような方法はないのである。

　小さな骨なし鶏肉を串に刺して焼いたチキン・ティッカ（タンドーリ・チキン）は昔ながらの料理だが、世界中で人気がある。鮮やかな赤い色にするために、この料理には赤色食用着色料が使われることがある。アジア諸国では食品に着色料を使うのは一般的なやり方であるが、このような着色料は食用に適したものであり、その使用はWHOが推奨したものでなければいけない。もし検査官が販売・使用されている着色料について定期的にサンプルを集めて検査することを怠ったり、着色料が安全でないことが判明したりすれば、人びとに対して悪影響があり、危険なことになる

だろう。チキン・ティッカのような着色料を使用した食品がどれだけ安全なのかは、誰にもわかっていない。ただし、一部のレストランでは着色料を使わず、レッドチリやマサラというスパイスを使ってチキン・ティッカを作っており、これは安全であることを留意する必要がある。また西洋諸国では、チキン・ティッカには色がついていない。

　上述した問題には以下のような解決策が考えられる。

a.　適切な法律を制定する
b.　これを適宜施行する
c.　民間での意識を高め、教育を充実させる
d.　NGOの数を増やし、ハラルで認められている食品のキャンペーン展開などを推進
e.　大学、政府、スーパーマーケット、フードコートで売る食品など、定期的な食品の安全性検査

　イスラム教国はハラル食品の生産と輸出を促進し、そのビジネスに対しては必要なインセンティブを設定していくべきだろう。

水産品についてのハラルとトイブの考え方
— アハメド・ジャラル・カーン・チョウドゥリー —

　ハラルとハラムという言葉は、生活の様々な面で適用されるものだが、最も頻繁に使われるのは肉製品や、食品に触れる周辺製品、そして医薬品だろう。イスラムでは、何がハラルで何がハラムか、明確に規定されているものが多い。ハラルとは許されていることを、ハラムとは禁止されていることを意味する。イスラムで禁止されているのは、豚肉および豚由来の製品全て、適切に屠殺されていない動物、全てのアルコール類、肉食動物、猛禽類、そしてこれらに接触した食品などである。多くの場合、ハラルはハララン・トイバン（Halalan-toyyiban）という言葉でも使われる。ハララン・トイバンとはシャリアによって消費が認められ、健全かつ安全という意味である。食品がトイブ、つまり健全（安全、清潔、栄養がある、高品質）かどうかを判断するためには、イスラム教徒にとって義務であるシャリアに従っているかどうかだけでなく、食品の安全面が重視される。一般的にハラルの材料というのは、穀物、植物、乳製品（酵素と培地にハラルのものが使われている場合のみ）、卵製品、魚から抽出されたものである。このような側面を厳格に実施するため、マレーシアではMS1500: 2009 Halal Food-Production, Preparation, Handling and Storage - General Guidelines（マレーシア基準　ハラル食品　－製造、準備、取扱および貯蔵－　一般原則）を作り、ハラル食品というものを定義している。この定義に従い、マレーシア基準では有害な製品、アルコールを含む製品、危険な製品はハラルとして認証されないことを明確にした。一般的には、ハララン（halalan）という単語は食品の原料、材料、添加物について使われ、トイバン（toyyiban）という単語は食品の安全や品質について使われる。

ハララン：水産品から作られるハラル原材料
1. **魚由来のゼラチン**
　　魚の皮、骨、ひれ、鱗などから作るゼラチンは、牛や豚由来のゼラ

チンに替わる可能性があるものとして考えられてきている。また、生産業者では廃棄物をゼロにするという考えからも利用されている。魚から作られたゼラチンはイスラムの食に関する要件を満たしており、ハラル材料とみなされている。食品、医薬品、写真、化粧品のゲル化剤として広く利用されている。

2. **魚の皮から抽出されるコラーゲン**

　ゼラチンの原料となっているコラーゲンは、動物の皮や骨の主要な構成タンパク質である。淡水魚や海水魚の皮から作られるハラル・コラーゲンは、安定剤、乳化剤、増粘剤、風味担体、果汁ろ過の補助剤などとして珍しい特性を示すため、天然および合成されたバイオポリマーの品質を通常上回る。魚の皮はコラーゲンが多量に含まれており、食品にも利用できる品質のゼラチンを作ることができる。魚の皮から作られたゼラチンを使ったキャスト膜は室温環境で保管しても安定している。

3. **魚やエビの殻から作られる天然色素**

　天然のカロチノイド・アスタキサンチンは赤橙色の合成色素に代わる代替物として利用できるが、魚の皮や甲殻類に多く含まれている。廃棄される魚の皮や甲羅などを利用することで環境にも優しく、天然素材の色素を安価で手に入れることができる。

4. **植物性化学物質**

　植物にはタンニン、テルペノイド、アルカロイド、フラボノイドなど、様々な二次代謝物が含まれており、これらのものには抗菌作用が

＊注
マレーシアのハラル産業にはマレーシアの生産業者にとって大きなチャンスがある。マレーシアの食品生産業者はオーストラリアやニュージーランドなどの実績ある業者とジョイント・ベンチャーを組み、ASEAN諸国、中東、ヨーロッパ、アメリカなど、一定のイスラム教徒人口のある市場を目指すべきである。マレーシアのハラル認証は世界中で認知されているので、国内ハラル食品にとって、これらの市場へのアクセスは比較的容易である（http://www.mida.gov.my/env3/index.php?page=food-industries）

あることがわかっている。近年では植物性化学物質の使用や、植物由来の薬品、補助食品の研究が加速してきている。民族薬理学、植物学、海洋微生物学、天然物化学などの専門家たちは地面をくまなく掘って、植物性化学物質を探しており、陸生動物から水生生物へと感染する伝染病の治療に使えるような手がかりをつかもうとしている。植物や果物の皮から抽出される物質は、魚病の病原菌（サルモネラ菌、ビブリオ菌、緑膿菌など）の治療に効果的である。これらの化合物は自然由来であり、通常魚病の治療に使われている危険な（非ハラルである）化学物質の代わりとなることができるだろう。

5. **魚の内臓から作るプロバイオティクス細菌**

　プロバイオティクスとは、魚や鶏、家畜に対して与えられる飼料添加物で、魚の内臓から取れる生きた微生物の働きを利用している。宿主や周囲の微生物環境を変えることにより、宿主に対していい影響を与えることができる。また、飼料の栄養価を改善することもできる。プロバイオティクスにより、病気に対する耐性や周辺環境が改善するのである。

トイバン：食の安全と品質
1. **抗生物質の残留物**

　魚を含め養殖の水産資源は、ウイルス、バクテリア、寄生虫、菌類などからの攻撃にさらされている。これらの生物は自然に魚等に害を及ぼすこともあるし、水産加工の過程で害を及ぼすこともある。結果として、魚の養殖にはさまざまな化学品が使われ、魚や人間の健康に脅威となることがありうる。養殖で使われる薬品は、病気の治療で使われる抗生物質、建築に使われる化学物質、魚の繁殖や成長を促進するために使われるホルモン剤などがある。なかでも、病気に使われる抗生物質は魚にとっても人間にとっても危険になりうる。このように薬品を利用すると、人間が利用する製品の中にも残留するおそれがあるからである。人間に有害になりうるものとして考えられるのは、微生物薬害耐性が変化すること、食品に薬の残留物が混じること、抗

菌剤へのアレルギー反応および過敏化、薬の毒性による影響などだろう。また、抗生物質が大量に使われた魚肉を体内に取り込むと、人体の消化器官が影響を受け、サルモネラ菌などの細菌の感染を招きやすくなる。このような感染を魚に引き起こす病原バクテリアは、例えばアエロモナス・ハイドロフィラ、アエロモナス・サルモニシダ、エドワージエラ・タルダ、パスツレラ・ピシシーダ、ビブリオ・アングイラルムなどがある。

2. **細菌感染**

細菌感染は魚の干物、飼料、水産冷凍食品などで頻繁に起こる。微生物病原体や細菌性病原体の一部は、養殖の魚や飼料、その他干物食品などと関係があると考えられている。中でもサルモネラ菌、ブドウ球菌、大腸菌、糞尿への汚染を示す有機体（糞便性大腸菌群、糞便連鎖球菌）、またはその他汚染や不適切な取り扱いを示すもの（大腸菌群、糞便連鎖球菌）などがある。

3. **殺虫剤・化学物質の残留物**

殺虫剤、医薬品、日常生活用品が魚の組織や魚肉などから検出されるケースが次第に増えてきている。養殖魚や天然魚、甲殻類、軟体動物、魚の缶詰、干物や塩漬けの魚、加工済みの魚などから重金属が発見されている。このような有毒物質は最終的には人びとが消費して人体に取り込まれることになるのである。

最後に、我々は以下のことを心にとどめて置かなければいけない。アッラーは信ずるものたちに対して、神の使いに命じた全てのことに従うように示しており、このようにおっしゃった。

「あなたがた使徒たちよ、善い清いものを食べ、善い行いをしなさい。」

（聖クルアーン　23：51）

「信仰する者よ、われがあなたがたに与えた良いものを食べなさい。」

(聖クルアーン　2：172)

　胃袋は人体の源であり、血はそこから流れてくる。胃袋が健康であれば流れ出る血も健康であり、胃袋が健康でなければ血も病を持って流れ出てくる。宗教において、食品は建物の基礎のようなものである。基礎がしっかりしていれば建物もまっすぐきちんと立てることができるが、基礎が弱く曲がっていれば、その上に立つ建物も傾き、ところどころヒビが入るのである。イスラムの信仰として人びとの健康を目指すという側面を示しているハララン・トイバンという言葉をどのようにして使っていくかは、とても重要なことなのである。

ハラル・チョコレートに対するイスラムの考え方
― パルビーン・ジャマル ―

はじめに

　マレーシアは3つの主要な民族とさまざまな宗教が複雑な構成を作り出している国である。しかしその中でもイスラムがマレーシアで最も主要な宗教であるため、食品生産者や輸入業者、そしてイスラム教徒にとってはハラル（許されている）かハラム（禁止されている）かという問題は非常に重要である。事実世界中でイスラム教徒は同じ問題にさらされているのである。一番の問題は、非イスラム教国から輸入された食品には、イスラムで禁止されている非ハラルな食品が混ざっているのではないか、という恐れが常にあるということである。アッラーはイスラム教徒および全人類に対し、ハラルのもののみを食べるように命じている：

　　「人びとよ、地上にあるものの中良い合法なものを食べて、悪魔
　　の歩みに従ってはならない 。」

（聖クルアーン　2：168）

　クルアーンのこの言葉は、イスラム教徒にとってのハラルの重要性を明確に示しているだろう。食品はハラルかつトイブ（人間による消費に適している）でなければならず、マレーシアを含むイスラム教国は食品がハラルであることを保証するための認証制度を持っている。ハラル食品は世界中で1兆ドル産業に成長しており、インド、オーストラリア、ブラジル、アメリカ、その他EU諸国など多くの非イスラム教国でも、イスラム教徒はハラルと認めたものしか食べることができないため、イスラム組織が認証制度を布いている。ハラル・ロゴが偽物だったり、不正に認証されたものだったりする可能性があるため、イスラム教徒は市場で売られている食品に十分な注意をするようにしている。このため、イスラム教国の関係当局やイスラム団体は、販売されている製品の中身をしっかりと検査し、これ

らの製品がハラルであるということを確認し、しっかりとした情報にもとづいた正確な判断ができるよう、イスラム教徒をはじめとする消費者に対し適切な指導と支援を提供していくことが求められる。

　イスラム教徒は食品に使われている材料に対する認識を高めることが必要である。製品のラベルを見て真にハラルかどうかを判断するため、十分な知識を持つべきである。一般的にいうと、豚肉、ラード、ベーコン、ハム、アルコールなどが使われているものはハラルではない。また、牛のゼラチン、動物性乳化剤、およびそれらを利用したものが製品の原材料リストに含まれている場合は、その製品がハラルでない可能性が高い、もしくは疑いがある（mashbooh）と考えられる。イスラム教徒は自分たちが食べる食品や、添加剤、酵素、乳化剤、有害な化学製品など、製品の材料を確認することを習慣づける必要がある。これらの材料は人工的に作られたり、植物や動物から作られているので、イスラム教徒は製品がハラルかどうかを製品のラベルを読むことで判断できるようにならなければいけない。また、食品生産者は法律で定められているように、製品のハラル認証を得なければならず、それを維持するためには定期的に検査を受けるようにするべきである。食品の材料が変わってしまうと、イスラム教徒の消費者がハラムの製品を買ってしまうことになりかねない。イスラム教徒であれば、非ハラル製品の扱いはイスラムで禁じられており、ハラル食品のみを生産し供給するという義務をアッラーから負っている。あるブランドがハラルであったとしても、工場の場所や国が違えばハラムな材料が混ざる可能性があるため、生産工場が各地に散らばっている場合は、それぞれで適切な監督をすることが求められるだろう。

　食品添加物を使えば製品の賞味期限を伸び、栄養の低減がコントロールでき、その他にも食品の品質に大きな影響を与えるため、食品生産の中でも添加物は重要な役割を果たしている。しかし食品添加物には原料や、生産の過程でハラムなものが使われたり疑わしい材料が混ざる可能性があるため、イスラム教徒にとっては一つの課題となっている。人工的な添加物は健康に害がある可能性もあるため、その使用を制限するか、もしくはできるだけ使用を避けるべきであろう。イスラム教徒は製品がハラルか、ハラムか、もしくは疑わしい状態のものかを判断するために、製品ラベルの

材料をきちんと確認することが必須である。上に示したとおり、イスラム教徒はハラルの材料で作られたものしか消費することができないため、最終製品のどこか一部にでもハラムなものが使われていれば、製品全体が非ハラルであると判断されるのである。原材料の出所がわからない場合は、それが植物由来か動物由来かにかかわらず、製品はmashbooh（疑わしい）というカテゴリーに入れられる。食品に使用可能な食品添加物は、食品法1983（第281条）と食品規則1985でその一覧を確認することができる。認められているのは、原料にもよるのだが、調味料、食品着色料、調整剤、防腐剤、酸化防止剤、栄養補助食品である。

チョコレート

　チョコレートは世界で最も人気がある食べ物であり、香辛料の一つであると言えるだろう。さまざまな形に作られたチョコレートをギフトとして進呈することは、どのような場面でも通用するだろう。また、チョコレートミルク、ホットチョコレート、チョコレート風味の飲料は冷たくても温かくてもいろいろな使われ方がしている。

　お菓子に対する需要は現在非常に高まってきているが、中でも栄養価の高いお菓子が大きな流行になってきている。通常砂糖だけではなくビタミンやタンパク質が加えられている。ほとんどのお菓子には栄養価を高めるために、ゼラチンが原材料およびタンパク質として利用されている。ゼラチンが持つ粘着するという特性を利用することで、小さなお菓子を作ることが可能になるのである。また、マシュマロのようなお菓子の発泡剤としても使われている。チューインガムは通常7％から10％のゼラチンが重要な材料として使われており、高いゼリー強度と低い粘着性を実現している。子供の間でも人気が高いトフィーなどの飴にもゼラチンが含まれており、食感や調合方法によって、様々な種類のゼラチンが生産の段階で使われている。

ゼラチンと代用品

　ゼラチンはタンパク質として分類され、脂肪や炭水化物は含まれない。ハラルの観点からいうと、ゼラチンは動物の皮膚、アキレス腱、靱帯から

採取されるので、何を原料としているのかを知ることがとても重要になる。また、骨や皮膚、関節組織から作られたタンパク質であるコラーゲンとして定義されることもある。豚や牛、魚などの脊椎動物のコラーゲンを加水分解することで作られるのである。多くの場合、豚の皮、牛の骨、牛の皮革などが原材料として使われるが、なかでも多いのが豚の皮だろう。食品のラベルにゼラチンの原材料が書いていない場合は、おそらく豚の皮か牛の骨と推測することができ、イスラム教徒にとってはハラルではないことになる。しかしきちんと屠殺された牛や魚の骨や皮を使って生産すれば、そのゼラチンはハラルとみなされる。これらのゼラチンはきちんと認証を受け、ラベルにもハラルであることを記載し、お菓子の生産に利用することもできる。一部の植物由来の炭水化物（アラビア樹脂、いなご豆ゴム、寒天）はゼラチンとしての特性を持っているのだが、この場合栄養価が異なってくる。一部の西欧諸国、とくに多くのヨーロッパ諸国ではゼラチンを食品に使っていても、その内容を説明したりラベルに記載する必要はない。イスラム教徒としては、これらの国で作られ輸入されたチョコレートや菓子を消費しないほうが安全だろう。イスラム教徒の消費者として、ゼラチンの原材料について詳しい情報を持つことが必要なのである。

乳化剤

　乳化剤とは油と水が分離しないよう、液中に分散させる乳化という状態を保つために使う化合物である。水と油が均一に混ざった混合物を作るため、ゼラチンが乳化剤として利用される。また、大豆などの植物や卵の黄身、その他の動物からも見つかるレシチンも乳化剤として使うことができる。もしこのレシチンが植物や卵の黄身、イスラム法に従って屠殺されたハラル動物から作られたものであればハラルとみなされるが、それ以外の場合は非ハラル、もしくは疑わしいものとして分類される。食品に使われている大半のレシチンは大豆から作られているのだが、一部の生産業者は未だに動物由来の乳化剤を利用している可能性がある点も無視するべきではないだろう。もし材料のラベルに大豆レシチンが明記されていない場合は、生産業者と確認することが重要だろう。

モノグリセリドとヂグリセリド

　モノグリセリドとヂグリセリドは脂肪性の物質で、トフィー、クッキーやケーキ、ピーナッツバター、マーガリンなど幅広い製品で乳化剤として使われている。モノグリセリドとヂグリセリドはグリセロールと脂肪酸を含んだ脂肪の混合物で、動物からも植物からも取ることができる。植物から取られたものはハラルだが、動物由来のものだと、牛の脂肪、ラード、魚油などから作ることができるので、疑わしいものとみなされる。モノグリセリドとヂグリセリドが100%植物由来であるとラベルに明記されていない限りは、イスラム教徒はその製品を避けるべきであろう。

着色料

　チョコレートやお菓子には様々な種類の着色料や染料も使われている。例えば純粋なターメリックの粉末など、１００％乾燥した着色料を利用していればハラルだが、豚の脂肪から作られた乳化剤などを乾燥物に密かに混ぜていることもあり、その場合はハラムとみなされる。液状の場合は溶剤にハラルのものを使用するべきである。しかし、食品で使われるときはハラムの材料や、ゼラチンなど疑わしいものと混ぜて使われることがあるほか、染料以外のものを混ぜて分解して、固い飴などの生産に利用する事がある。また、色の濃縮を管理するために規格化された材料を使うことがあるが、これも製品のハラル性を確かめる上で疑いが生まれる理由になる。このため、製品材料のラベルを注意深く読むことがとても重要だろう。実際には染料の種類やその原料に関して、製品や材料について生産業者に直接問い合わせたほうがいい。染料が入っている製品が政府やハラル認証当局がハラルと認めている場合は、問題無いだろう。

結論

　イスラム教徒やイスラム教国は以下の点を考慮するべきであろう。

1. イスラム教徒はハラル食品のみを使っていくべきだろう。イスラム教徒によりハラルと認められ、正式なハラル認証がついていない食品を消費することはできない。これを確かなものにするための義務を負っ

ているイスラム教国はこのような商品に認証を与え、世界中のイスラム教徒団体にその権限を与えることもできる
2. チョコレートやお菓子をはじめとする食品はそれを消費する前に、ハラルかどうかを確かめることがイスラム教徒としての義務である
3. イスラム教徒の生産業者や貿易業者は、ハラルのビジネス慣習のみに従うことが義務である
4. チョコレートなど体に良くない食品に依存することはイスラムでは禁止されている
5. チョコレートなど食品に使われている乳化剤の90％は動物由来のため、イスラム教徒は大豆ベースの乳化剤か、シャリアに従って屠殺された動物から作られた乳化剤を探すべきである
6. チョコレートにはバターと砂糖が多量に含まれている。チョコレートの消費が適量を超えれば、高血圧や心臓発作などの危険な病気につながる可能性がある
7. チョコレートをナツメヤシと比較することはできない。ナツメヤシも糖分が高いが、同時にミネラルが豊富なので、気温が高く乾燥している場所では体に良い。ただし、糖尿病を患っている場合は許容された分量以上のナツメヤシを消費するべきではない。イスラム教徒はこのようにして、健康を守りながら預言者の言行を実行していくことができる
8. チョコレートに使う着色料は世界保健機関（WHO）が認めたもののみであるべきである
9. マレーシアはこれらすべての義務事項において、最良の手本と言える

野菜で作るゼラチンの是非
— イルワンディ・ジャスウィル —

　食品材料の中でも、ゼラチンは最も多く使われているものの一つだろう。食品の弾力、固さ、安定性などが向上するため、幅広く利用されている。ゼラチンは特に乳製品の安定剤として使われる他、味の質を保ったまま食品のエネルギー含有量を減らすことができるため脂肪の代替品としても使われる。食品業界以外でも、医薬品や写真用フィルムなどにも使われている。

　現代では多くの人が日々の食事でカロリーを取りすぎているため、低脂肪もしくは脂肪分ゼロの製品への需要が高まり続けており、食事のメニューを考える人には大きなジレンマとなっている。脂肪は食品の味に大きな影響を与えるからである。この場合重要なのは、ゼラチンの感覚的な部分である。ゼラチンの溶解温度は人間の体温に近く、溶けた時に他の代替品よりも口の中で豊かな風味が広がると考えられている。ゼラチンを脂肪の代替品として使うことで、味の質を保ったまま、食品のエネルギー含有量を下げることも可能になるのである。

　ゼラチンは動物の関節、骨、アキレス腱、皮膚のコラーゲンを一部加水分解することで副次的に生産される動物由来の貴重なタンパク質である。色は無いか、もしくは少し黄色がかっており、味も臭いもない半透明の不安定な固形物である。販売されているほとんどのゼラチンは牛の骨や皮、豚の皮膚、そして最近では豚の骨から取ることができるようになっている。報道によると、世界で生産されるゼラチンのうち41%は豚の皮膚、28.5%は牛皮、29.5%は牛骨から作られている。近年ではBSE（別名狂牛病）の影響でゼラチン市場は牛から豚へと移行してきている。世界で一年間に生産されるゼラチン50万トンのうち90%から95%は非ハラル原料から作られていることになる。魚から作られるゼラチンはハラルだが、現在のところ非常に市場規模は小さいままである。

　特にベジタリアンの消費者からは哺乳類動物以外のゼラチンに対する

需要が高まり、魚のゼラチンだけでなく、植物から作られた「野菜ゼラチン」への関心が高まってきた。科学的な観点からいうと、植物はコラーゲンを持っていないので、自然のままに植物からゼラチンを採取することはできない。しかし、哺乳類のゼラチンが持つ機能の大半、もしくは全てを持ち合わせた代替品を植物から開発するための研究が長い間行われてきたのである。

「野菜ゼラチン」は通常植物の親水コロイドから作られる。このようなコロイドには以下のものがある。

a. 寒天：海藻から作られ、粉状のものや、固形、フレーク状のものもある
b. カラギーナン：紅藻類から抽出される多糖類の一種
c. ペクチン：全植物の細胞壁に含まれる多糖類の一種
d. キサンタンガム：細菌を利用して作る。細菌培地はハラルでなければいけない
e. 加工コーンスターチ
f. セルロースガム

こんにゃくは野菜ゼラチンとして近年開発されたものの一つで、食品業界での反応もいい。和食では伝統料理の刺身や麺、ゼリーなど、こんにゃくはさまざまな料理で使われている。日本のこんにゃくは味よりもその食感を楽しむものである。日本のこんにゃくゼリーはこんにゃくの粉と水を混ぜ、自然香味剤を加えて作る。こんにゃくはカロリーが無いが食物繊維が多いため、ダイエット食品としても利用されることが多い。

マレーシアには独自の「野菜ゼラチン」を生産できる可能性がある。ヤムイモ（ディオスコレア・アラータ）はこんにゃくと似たような性質を持つことが報告されている。マレーシア国際イスラム大学（IIUM）では、ヤムイモなどゼラチンの代替物を探すため、マレーシアで生えている植物の大規模な研究に着手している。しかしもっとも難しいのは、哺乳類動物からとるゼラチンが持つ熱不可逆性の性質、つまり口の中でとろける感覚を植物由来の物質で再現するということだろう。

魚のコラーゲンから作るゼラチン
― イルワンディ・ジャスウィル ―

　ハラルのコラーゲンを作るということは、生産者にとっても消費者にとっても、非常に重要な課題である。生産者側はハラル市場からの利益を享受することができる一方、創造主に課された義務を果たすということで双方に利益があると言える。哺乳類動物由来のゼラチンはいまだに幅広く使われているが、今後も同様に使い続けられるという保証はない。ヨーロッパで牛海綿状脳症（BSE）が広まったことにより、ゼラチンを含め、牛肉や牛由来の食品の安全性に疑問を投げかけることになったことは記憶に新しい。

　近年では豚インフルエンザが問題になっただけでなく、イスラム教徒やユダヤ教徒、さらにはベジタリアンの人びとが使用を拒絶しているため、豚由来のゼラチンの使用には問題が出てきており、魚など、豚以外の原料を使ったゼラチンに対し、ビジネスチャンスが生まれている。世界中の研究者や科学者たちは綿密な研究を重ね、魚のゼラチンの生産量と品質を改善しようと現在試みている。

　魚の皮をゼラチンに変換することはハラル市場の需要を満たすことが出来るだけでなく、廃棄物（魚をおろしたときに余る皮）管理での問題も解決するので、すばらしいアイディアと言えるだろう。副産物を利用することで、廃棄物問題の解決策につながるのである。魚の切り身を作るとき、全体の55％は廃棄物となるからである。そのうち骨が6％、皮が25％ある。

　マレーシア政府が2006年から始めた5カ年計画では養殖だけでも62万5千トンもの魚が生産される予定である。マレーシア政府はオーストラリアの技術を利用した魚生産のための試験的な工場も設立した。これは州単位で取り組んでいるプロジェクトは除いた数字である。プログラムでは国内の消費だけでなく、輸出も視野に入れており、副産物として魚の皮の生産が増加することも避けられなくなるだろう。

魚の皮から作ったコラーゲンとゼラチンが温度の変化にどのような反応をするかは、その魚が生息する環境の温度によって変わるということはすでにわかっている。アミノ酸の構成がゼラチンのゲル強度や溶解温度に大きな影響を与えるのだが、アミノ酸の側鎖により完全な形のコラーゲンやゼラチンジェルの三重らせん構造が固く結ばれるようになる。どうやら疎水性のアミノ酸が多く含まれると、多少なりとも同じような効果が得られるらしいということがわかっている。

　マレーシアは熱帯にあり、温水生の魚が取れるが、これらの魚のコラーゲンには冷水魚よりも多くのアミノ酸を含んでいることが研究で示されている。しかし疎水性アミノ酸とヒドロキシルアミノ酸の含有量、そして分子量分布、ゼラチンの粘度などの特性は魚の種類によっても違い、それを調べるためには一つ一つの種を実際に調べる必要がある。

　新製品を開発するには、現在の製品の工程を変更するか、もしくは改良するというのが一つの手段である。水酸化ナトリウムや塩化ナトリウムを利用することでコラーゲン以外のタンパク質や皮下組織を取り除くことができる。魚の皮からゼラチンを抽出するための前処理はこれまでもされてきたが、それはアルカリ前処理と酸前処理が中心である。Megrim（ヒラメの一種）の皮の場合、三種類の方法を合わせて前処理をすることになっているが、最適化はまだされていないにもかかわらず、前処理をしてから抽出されたものは機能的にも高く、抽出率も高くなったことがわかっている。

　マレーシア国際イスラム大学（IIUM）の国際ハラル研究研修機関（INHART）では魚ゼラチンの品質的な特徴を改善するため、総合的な研究が行われている。魚のゼラチンが今後改良され、哺乳動物からとられたゼラチンと同等の機能性を持つようになるということに、我々は楽観的である。大半の化学反応や相互反応はナノ単位の世界で起きているため、前処理の効果を調べる総合的な研究も同じように小さい単位で行われている。この研究の成果は今後新しい前処理の方法を生むことにつながったり、不要なステップを省くことができるようになる。同様に、コラーゲンの劣化や変性も改善されていく。魚の皮に付着する汚染物質やコラーゲン以外の物質を完全に取り除くことができれば、高品質の製品を作ることができる

ようになるだろう。
　最近の研究では、物質はナノ単位の世界では通常とまったく違う動きをするということがわかっている。例えば、不活性の銀はナノレベルでは爆発的な反応を示す。同様にタンパク質のポリペプチド鎖もナノレベルでは同様の反応を示す。ゲル化の際のファン・デル・ワールス力が強まるため、ゼラチンの改良にもつながる可能性がある。

結論
　現在ゼラチン生産の原材料には主に哺乳動物（豚もしくは牛）の皮と骨が使われている。倫理上、宗教上、そして健康上の理由から、哺乳動物由来のゼラチンを食品やその他の目的に使うことはイスラム教徒、ユダヤ教徒、ベジタリアンなどの人びとから厳しい批判にさらされており、魚のゼラチンに対する需要が堅調に増加している。魚のゼラチンを現在利用されているゼラチンの代わりに利用できるようにするためには、その機能を高め、原料をきちんと確保できるようにすることが重要だろう。

バイオテクノロジー、遺伝子組み換え食品とハラル食品
— ノリア・ラムリ —

「バイオテクノロジーは21世紀において中心的な技術になると期待されている、これからの分野だ。現在、新しい農業製品や環境にやさしい製品を作ることで、画期的な医薬品の開発や生活の質の改善を実現し、人の命を助けている」（バイオテクノロジー産業協会）

　現代のバイオテクノロジー技術が産んだ成果の一つである遺伝子組み換え食品（GMF）とは通常、遺伝子工学的手法（遺伝子操作）によって、遺伝子を組み替えられた食品を指す。例えば遺伝子組み換えの農産物（GM作物）を作ろうとする場合、一つの種から別の種に遺伝子素材を移すためにベクターが必要になる。異物である遺伝子はこのベクターに乗って植物に運ばれ、遺伝子が組み替えられる。異物である遺伝子のコードを持つDNAはその後、植物内で複製されていく。このような植物をGM作物、もしくは遺伝子組み換え生物（GMO）と呼び、GM食品を作るために使われる。

　GMOとは遺伝子の情報が人工的に組み替えられ、新しい特性やより強い特性を持つようになった植物、動物、微生物（バクテリア、ウイルスなど）であり、病気に耐性ができたり、虫がつかなくなったりする。GMOを利用することで食品の質や栄養価が高まり、作物の生産量が増え、除草剤に対する耐性がつき、食品の機能強化（ビタミン、食物ワクチンなど）を可能にしている。

　バイオテクノロジーと食品の関係は我々の体や家族、環境、倫理観など人生の基本的な部分に影響があるため、大切な問題である。目に見える障害も、見えない障害もあり、問題の影響は多面に及ぶからだ。GMOに関する主要な問題や懸念の一部を挙げると、食の安全、食品供給の管理、単一作物の作付けによる種の多様性の低下、異種交配が与える多様性へのリスク、遺伝子ホッピング、遺伝子移植で生まれるかもしれない「怪物」、理解できないものに対する恐怖、「自然」なプロセスではないという事

実、社会学的家族経営農場、アレルギーの誘発、ラベル、そして宗教や倫理上の問題などだろう。

バイオテクノロジーに対するマレーシア政府の立場
　バイオテクノロジーは人類の文明に対して利益をもたらし、マレーシアのように生物の多様性と研究推進の意欲を持った国が今後発展していくための鍵となると考えられている。バイオテクノロジーは知識集約型経済を築く上で重要な分野の一つである。マレーシア政府は国家バイオテクノロジー政策を策定し、現在のマレーシアの強みを活かしながら、研究開発と産業の発展のための環境を整えていくことを目指している。

GMOとバイオテクノロジーに関する考えとファトワ（見解）
　「イスラム法学協議会（IJC）によると、バイオテクノロジーによって改良された穀物（GMO）で作られた食品はハラルであり、イスラム教徒が消費しても良いことになっている。ただし、禁止された食品からのDNAが利用されていれば、バイオテクノロジーによって改良された穀物でもハラムになりうると主張する学者も一部にはいる。例えば大豆に豚のDNAが使われれば大豆製品自体がハラムになってしまう。この問題は学者や認証機関の間で、今でもしばしば議論のテーマとなっている。ハラム原料からの遺伝子が混ざっている製品は、よくてもmashbooh（疑わしい）、悪い場合は完全なハラムになると考えられている。しかし現在販売されているバイオテクノロジー食品は全て認証された原料を使っていることがわかっている。」(www.agbioworld.org/biotech-info/religion/halal.html)
　「生物学者によると、個々の遺伝子自体は原料だけに見つかる固有のものではないと指摘する。例えば豚とレタスでは数千単位で同じ遺伝子が発見されているが、レタスはハラルである。」
　また、これも同じ場所からの出典だが、北米のハラル認証機関であるイスラム食品栄養評議会アメリカ支部（IFANCA）ではGMOについて、IJCの見解を支持している。IFANCAはバイオテクノロジーで作られた食品に関する議論は、今も続いていると言う。IFANCAによる認証はインドネ

シア・イスラム指導者会議（MUI）、シンガポール・イスラム教評議会（MUIS）、イスラム世界連盟、サウジアラビア、マレーシア政府によって認証を受け、認められている。

現在議論されていることの結論を待っている段階だが、ハラル認証において最も大きな問題は、豚だけでなく、ハラムの食品、もしくは疑わしい製品からバイオテクノロジーの技術を使って取り出された遺伝子をどう扱うかである。現時点ではこのような原料を使っている遺伝子組み換え食品はないので、バイオテクノロジーによって作られている食品は完全なハラルとして認められている。

イスラム教徒が消費しても良い一般的な基準は、ハララン・トイバンといい、シャリアの観点から許されていて（ハラル）、質が良い（トイブ）であることを意味する。遺伝子組み換え食品の場合、上記の基準を満たしていれば、イスラム教徒による消費は認められている。このため、禁止された動物を使わずに、シャリアに則って屠殺されている食品を使っていればハラルとみなされる。現時点ではGMOについて、マレーシアのイスラム教徒は国家ファトワ評議会による見解に従っている。

1. 「バイオテクノロジーを利用して豚DNAから作られたもの、食品、飲み物はシャリアに反するため、禁止とする」（1999年7月12日）
2. もの、食品、飲み物の生産に、バイオテクノロジーを使って豚DNAを利用することは、代替商品が多い現時点では、緊急に認める必要があるものとは考えられない（1999年7月12日）
3. FSH-Pホルモンは豚の脳から作られており、重度のナジス（極めて有害）とみなされる。このため、動物の繁殖などの目的であっても、このホルモンを増強剤として利用することは禁じる。この禁止は疑義がある（shubhah）ことを理由とする（1995年9月21日）
4. FSH-Pホルモンを若い家畜に利用して繁殖させると、イスラム教徒に対してこの動物の肉および乳の消費は禁止される（1995年9月21日）
5. 食品の活性物質として使用が認められているのは、植物由来の原料、およびイスラムの慣習に従って屠殺された動物由来のものである（1990年3月7日-8日）

6. チーズは生産に利用する酵素が植物由来のもの、カビ、屠殺されたハラル動物から作られたものである場合には、食品原料として認められる（1990年10月3日）
7. 食品着色料の使用については、設定された基準を満たしており、0.003％から0.006％を超えない限り認められる（1983年3月23日）

　結論として、非ハラルの原料を一部もしくは全体に利用しているGM食品は、イスラム教では有害でハラム（禁止）とされており、イスラム教徒はこの消費を避けるべきである。

ハラル環境での食品包装
― イルワンディ・ジャスウィル ―

はじめに

　食品技術の観点から言うと、包装というのは製品を流通、保管、販売、使用するために保護をするという科学技術であり、アートとも言える。また、包装とはパッケージのデザインから、それを評価し生産するまでの一連のプロセスとも言える。さらには、商品が運搬され、倉庫に保管され、物流に乗り、販売され、最終的に使用されるまでの全てのプロセスに商品が耐えられるようにするシステム連携の一環を担っているとも言える。

　一般的に言って、質のいい包装とは、技術的な目的と視覚的な目的を満たしたものを指す。包装で使う技術を変更するときは、食品が保管、流通、使用される中でさらされる危険から保護することで、製品の賞味期限を伸ばすことを狙っている。例えばプラスチックを利用していた包装をガラスや金属に変えるなどした場合、大気中水分の吸収が減少するため、製品の賞味期限が伸びる。製品の賞味期限が伸びれば市場が広がり、売上も増加する。瓶などのガラスを食品包装に利用すれば、買った後も良好な保存状態を家で保つことができ、容器は後に再利用やリサイクルをすることができる。これは金属包装（缶詰）でも同様である。

　包装のデザインが特徴的であれば、製品のブランド・イメージが向上し、スーパーマーケットで見かけたときに消費者がすぐに認識できるようになり、売上も上がるので、包装の視覚的な側面も重要である。

　製品の包装とラベルについてもう少し詳しく書くと以下のようになる。

a. 物理的な保護：衝撃、振動、圧迫、温度など、さまざまな影響を考慮して保護する
b. 遮断による保護：酸素、水蒸気、ホコリなどからの保護が必要なときもある

c. 容器としての役割：商品が小さい場合、効率化のため一つのパッケージにまとめて入れられる事が多い。たとえば千本のペンをバラバラに扱うよりも、一つの箱に入れてまとめて運ぶほうが作業は少ない。液体、粉末、顆粒などはまとめるための容器が必要である
d. 情報の伝達：使用方法、運搬、リサイクル、パッケージや製品の処理方法などを、パッケージやラベルに記載する
e. マーケティング：製品の購入を促すため、包装やラベルを利用する
f. 安全性：出荷の際の安全面での危険性を減らすために包装が重要な役割を果たす
g. 利便性：流通、取り扱い、積み重ね、展示、販売、開封、密封、使用と再利用など、パッケージの利用は利便性を向上させるための意味もある

包装の種類

包装はいくつかの種類で分けることができる。例えば運搬用パッケージや流通用パッケージは製品を出荷、保管、取り扱いするためのものである。パッケージは何層あるのか、そして何の機能を果たすのかによって、「一次」「二次」などと分類するとわかりやすい。

1. 一次包装とは、製品を最初に包んでいるパッケージである。通常は流通・使用時の最小単位であり、内容物に直接接触しているパッケージでもある
2. 二次包装とは一次包装の外部を覆っており、一次包装のものをグループ化するために使われる
3. 三次包装とはバルクでの取り扱い、倉庫での保管、運搬や出荷などのために使われる

伝統的包装と近代的包装

食品加工の主な目的とは、消費者に対して簡単かつ安全で栄養のある食事を提供し、生産者や販売者にとっては利幅を拡大するというものだが、近年では包装という側面も次第に重要になってきている。伝統的な食品加工が工業的なものに変化していくに連れ、製品加工の種類にも変化が見え

始めた。伝統的な加工業者は地元で生産された食品を使い、そのための包装には地域の気候と合ったものが開発されていた。食品の保管期間も限られていたため、単純に葉っぱや動物の皮、陶器で包めば十分だったのである。現在では昔から地元で作られていた穀物でなくても、世界中で生産できるようになっており、保管のためには特別な加工と包装を利用して保護することが必要なのである。

　世界中で大半の人びとは今も伝統的食品を食べているが、先進工業国は便利さを求めて、加工食品や包装された食品を購入するようになっている。家から出て働く女性が増えるに連れ、この変化が加速してきた。伝統的食生活に頼っている人びとでさえも、炭酸飲料をたまに楽しみ、白糖・小麦粉など基本的農産物を地元以外から求めるようになってきている。

　大規模工場で生産される食品が求められている理由は、実際には食品そのものに魅力があるからというよりも、その見た目や見栄え、販売広告が功を奏しているというのが現実だろう。見栄えの良さや消費者への訴求力というのは、質のいい包装が第一である。現在拡大を続けている食品市場において、中小規模の食品生産業者が競争を勝ち抜き拡大するためには、これこそが不可欠な要素だろう。

食品包装に使われる添加物

　食品包装の機能性や見た目を向上させるため、そして化合物の加工を改善させるために、通常さまざまな添加物が使われている。食品や飲み物と直接触れる製品についての法制度は世界中で常に見直しが続いている。添加物が通常使われている包装素材の一つがプラスチックだろう。

　ハラルの観点から言うと、動物由来の油や脂肪が使われている場合は特に、食品包装に添加物を使用することには疑問の余地がある。動物由来の油や脂肪が使われているときは通常の通り、イスラムの慣習に従って屠殺されたハラルの動物からとられたものなのかということを確認しなければいけない。

　プラスチックのバッグや容器の生産には多くの場合、動物由来もしくは植物由来のステアレートが使われている。紙、プラスチック、発泡スチロールで作られたカップや皿には高温のアニール処理がされた後ワックス

やコーティングが塗られるが、これらは動物性脂肪の可能性がある。その前に行われるアニール処理はとても高温なので、その段階前に使われた動物製品は無効になる。金属製の缶やドラム缶も動物性脂肪で汚染されていることがあるが、缶の生産に必要な鋼板の形成、圧延、切断には脂肪分が必要である。スチール製のドラム缶は再利用されることが多いが、これは豚や豚脂肪を含む食品の運搬に使われている可能性があり、どれだけ洗浄しても少量残ってしまい、ハラル製品も汚染されるおそれがある。

　食品に食用フィルムやコーティングを使うことも一例となるだろう。現在ではソーセージの皮、ナッツや果物のチョコレートコーティング、果物や野菜のワックス加工など、食用フィルムやコーティングは多くの場面で利用されている。食品にコーティング処理を施すことによって、水分の喪失を防ぐことができるからである。イスラム教徒であれば、こういう工程で使われる脂肪分が動物由来のものかもしれないという可能性を考慮する必要がある。

　食品に化合物が接触しても安全なように、その原材料を確認する必要はあるのだが、それによって加工プロセスに要する時間が犠牲になる可能性があることも考慮しなければいけない。特に食品包装の分野では、プラスチック化合物のシート成形や射出成形には粘着したりするミスがあってはならず、要求されるスピードはますます高まっている。このため加工助剤や帯電防止剤が使われており、食品に触れるとどう反応するのかも重要な要素である。食べ物や飲み物に接する材料に対しては長年規制がしかれてきたが、特に添加剤など次々に新しい素材が導入されており、何が危険なのかという理解も高まってきているため、法律面でも常に制度を整備し続けることが求められている。

食品加工と生産における水質問題
― スレイマン・A・ムイビ & ラシダ・F・オランレワジュ ―

はじめに

　生命と水の関係は密接だ。生きていくためには、どんな地表水や地下水でも構わないというわけではなく、一定の水準を満たし、安全性が確認されなければいけない。水を継続的に利用できるかどうかは、水質の特性と、何のために使うのかということによって変わってくる。水質は水の物質的特性、化学的特性、そして生物的特性によって規定される。食品業界では、洗浄用水や家畜用飲料水から、食品加工用水または材料の一つとしてなど、水の用途は多岐にわたる。多くの農産物は質のいい水が必要とされるものであり、安全な食品つまりハララン・トイバン（ハラルで健全）なものを生産するには質の良い水が不可欠である。

水質に関する懸念

　水質エンジニアリングでは水源の保護、水処理、下水処理、汚染物質輸送経路、水生生態系、都市部河口地帯における流出水などを取り扱う。見た目も味も良い飲料水を提供し、水を介した疫病の広がりを防ぎ、汚水による汚染の悪影響から自然環境を守るため、さまざまな活動が行われている。しかし急速な経済発展と工業化、人口の増加などから、世界中では水質について多くの懸念が生まれている。水質についての主な問題として上げられるのは、汚染物質になりうる物の数が驚くほど増加しているということだろう。世界中で汚染物質を数えると、すでに登録している化学物質が2000万、今後規制を受ける可能性があるのが更に30万に上っている。中には、健康被害や環境への影響がまだわかっていないナノ粒子、酸素化燃料、消毒時に副産物として生まれるN-ニトロソジメチルアミン、過塩素酸塩、クロム酸塩、集中型飼育体制で必要になってきた動物への薬物投与、医薬品・日用品などが汚染物質に含まれている。また、自然界では病原菌の侵入に際し、包囊ができてそれに抵抗するという問題もある。無数

の汚染物質が環境（土、水、陸地など）に紛れ込んでくることを考えると、特に水に関しては、飲料水や料理用水だけでなく、食品加工や医薬品のための工業用水などに対してこれまで行われてきた水処理はそれぞれの利用目的を満たすために十分な水質基準を満たしていないのではないだろうか。

　質の良い水は、特にハララン・トイバン（ハラルで健全）な食品を生産するためには不可欠なものである。食品生産において、水は農場、加工、キッチンまですべての段階において使われるものであり、食べ物と飲み物の材料ともなる。このため、これらの段階で使用される水質は、食品の質と味に大きな影響を与える。飲食サービスを提供する店の中には、安定して安全な水を提供するために浄水器を取り付けているところもあるが、多くの店は自治体から提供される水が十分管理、分析されており、安全確認がとれていると信じて、そのまま水道水を利用している。水道水は味、におい、細菌の有無など、質に違いがある。食べ物や水を伝って疫病が広まることは世界中で記録されており、現在の対策では不十分であると言う証拠もある。食品産業は日々輸出と輸入が大きく動くグローバルな分野でるが、国ごとに水準や慣習が違うため、グローバルであるがゆえに管理体制を一層困難にしているのである。

　処理水の水準にはばらつきがあり、消毒剤使用の頻度を上げるなどという小さな変更でも、食べ物や飲み物の質に大きな影響が出るが、水道水が実際に蛇口から出てくるよりもはるか前から、その影響は始まっている。例えば灌漑用水に質の悪い水を利用することで、収穫前の農産物に細菌感染が起こるという懸念がある。灌漑用水に混ざっている細菌は見えない隙間や表面の傷に入り込み、洗浄や照射処理をしても取り除くことができないという研究結果が出ている。さらに、一部の農産物（野菜）は根っこを通じて病原体を内部に取り込んでしまうという証拠も出てきている。

　大腸菌O157:H7は、牛に与えた飲料水が汚染されたために感染が広まったということが研究によりわかっている。家畜間での病気の広がり、ひいては最終的に肉や乳製品を消費する人に対する感染を防ぐためには綺麗な水が重要なのである。その他にも、発育、収穫、梱包、加工、出荷、調理、消費のプロセスを減る上で、汚染が広がるポイントは数多くある。

また、養殖や海産物に利用する水、洗浄水、個人の衛生状態や食べ物の取り扱い、保管・運搬時に使われる氷、調理器具とその洗浄具合、乾燥食品を水で戻すときなど、それ以外の部分でも注意が必要である。

食品生産や加工に使う時は、特にその水の特性が重要になってくる家畜や鶏、魚に使われる水質を分析する際に検討が必要になるのは、以下の様なものである。

1. 臭いや味など、感覚でわかる特徴
2. 生理化学的特性（pH、水に混ざっている不純物、硬度）
3. 毒素など化学成分（重金属、殺虫剤、除草剤、炭化水素など）
4. 硝酸塩、硫酸ナトリウムなど、過度なミネラル分や成分
5. 生物学的な汚染（バクテリア、藻類、ウイルス）

食品加工における水

低温殺菌、加熱、酸性化、殺菌、乾燥、照射殺菌、冷凍、揚げ物など、多くの場合調理とは病原菌を殺すために行うというのが本質だろうが、調理後にも水や人に触れることが多く、その後にさらに加工されるということはない。食品業界では危害要因分析（に基づく）必須管理点（HACCP）に従ったシステム的なアプローチを取り、生産、加工、製造、調理、および食品・飲料などの使用に至るまでの過程において、その危険性の管理方法を特定・評価することで、安全性を確保している。HACCPは当初は食品業界向けに作られていたが、現在では飲料水の処理、特に容器入りの水に応用されるなど、さまざまな形で利用されている。

家畜と鶏に対して使われる水

家畜の飼育に最も影響が大きい水質問題は、ミネラル分、硫酸ナトリウム、硝酸塩と亜硝酸塩、細菌汚染、アオコの繁殖、農業活動や工業活動の結果としての化学汚染などだろう。汚染水の影響は消費量に比例するため、水の汚染が家畜に与える影響は、水の消費量が増える暑い季節、特に水分の低い飼料しか与えられていない場合に多く見られる。川の水は通常池や井戸水より安全だと考えられているが、それは川の水は停滞せずに流

れているため、自然の汚染浄化システムが働いているからである。肥料が土壌に浸出したり、井戸の保護管がきちんと建設されていない場合、硝酸塩は井戸に堆積しやすいが、その他にも穀物肥料などが原因となって水中での硝酸塩が高濃度になっていることもある。水の表面部分の硝酸塩濃度は変動が大きいが、一般的に言って雨季の直後には高く、乾季の間は低い事が多い。

　鶏の飼育においては、水質および非点源汚染について、3つの問題点がある。死亡率の管理、肥料の管理、廃棄物の処理である。養鶏業を営むためには、これらの問題は生産者や管理者によって解決されていかなければいけない。水質問題というのはつまり通常のビジネスの中で解決していかなければいけないということである。動物の排泄物流出から生じる非点源汚染により、窒素、リンなどの栄養素の濃縮が過度に高まり、有機物や病原体が環境に流れ出ることで表面水や地下水の水質を著しく低下させてしまう。

水域環境

　水域環境については、難分解・高濃度・毒性（PBT）という、自然環境内では簡単に分解しない化学物質の問題がある。PBTは通常脂肪分の高い組織に蓄積し、ゆっくりと代謝され、食物連鎖が進むに連れて濃度が高くなっていく。一部のPBTは人間と動物双方に健康上の有害な影響が有るとわかっている。

　PBTは殺虫剤などで意図的に放出されることも、焼却や生産の副産物として故意ではなく排出されることもある。中には、気流やその他の環境経路に乗って世界中に広がり、発生地から遠く離れた場所でも汚染を引き起している。

　水銀、ポリ塩化ビフェニル（PCB）、クロルデン、ダイオキシン、DDT（魚に見られるPBT汚染物質）は魚の組織に蓄積しているが、これは水中濃度の数千倍にもなっている。PBTは沈殿物に何年も蓄積されて汚染源となり、海底に住む生物が更に他の魚などに食べられることで凝縮されていくのである。

　さらに、他にも内分泌かく乱物質（EDC:Endocrine Disrupting Chemical）

という、健康や環境に影響のある問題がある。これは内分泌システムを阻害、擬態、刺激、抑制する化学物質で、生理学的には繁殖や成長を助ける分泌腺やホルモンを合わせたものである。環境内にあるEDCとは、燃料や可燃物に使われる酸化剤である過塩素酸塩、電気製品の絶縁体として利用されていたPCB（大半はすでに禁止済み）、食用穀物に通常使われるアトラジン、副産物焼却の結果生じるダイオキシン、食品包装で見られる化合物であるビスフェノールA（BPA）、エストロゲンを使った避妊用ピルの代替物である合成ステロイドなどである。

結論

さまざまな利用に耐えられる安全で適正かつ持続した水の供給を実現するためには、現在の水管理や環境管理からのパラダイムシフトが必要だろう。そのためには以下のような方法が考えられる。

1. 水の中に見られる不純物である化学物質や細菌が毒素として与える影響や環境への影響について、知識を広める
2. 一度使用された淡水を効率的かつ環境にやさしい形で浄化できる技術を開発する
3. 農業用水、工業用水、家庭用水の使用を減らすため、水の管理技術を改善し、実行する
4. 環境問題が起きる前にそれを予見し、事前対策を講じる。汚染によって受けた被害に対応するだけでなく、不必要な環境への負荷を予見および制限することで問題を回避することが重要である

悪化が加速する我々の環境に対応する上で、以下のアッラーの警告に耳を傾けることが必要だろう。

> 「ニンゲンの手が稼いだことのために、陸に海に荒廃がもう現れている。これは（アッラーが）、かれらの行ったことの一部を味わわせかれらを（悪から）戻らせるためである。」
>
> 　　　　　　　　　　　　　　（聖クルアーン　30：41）

第 3 章

ハラル化粧品、日用品、医薬品

美しいハラル
― ユミ・ズハニス・ハスユン・ハシム ―

　ハラルとは実に美しい言葉である。その音は耳に心地よいだけでなく、人びとにとっての善悪を分ける境界線がどこにあるのかという意味を伝えている。もっとも美しいのは、創造主アッラーが伝えた言葉という点だろう。食品、化粧品、医療品、観光業、その他イスラムの生活について、何がハラルで何がハラムなのか、それを分ける線というものがあるのである。
　化粧品に使われているハラルの原料とハラムの原料が明らかにされたことにより、美容業界におけるハラルの概念は大きな注目をいま集めている。ハラムの原料とは、豚やシャリア（イスラム法）に従った屠殺をしていない動物から採られたコラーゲンやプラセンタなどわかりやすいものから、人の髪の毛や豚の蹄から作られたシステインなどわかりにくい原料のもの、そしてハラムのものやシャリアに準拠していない屠殺をされた動物から抽出されたかもしれない顔料や香水など、視覚や嗅覚にうったえるものなど、さまざまである。イスラム教徒の消費者にとっては、アルコール

を化粧品に使用するというのも問題である。マレーシア標準局[1]および ブルネイのイスラム法典庁[2]のファトワによると、飲料やハムル（飲用のアルコールや酒から作られたもの）としての利用でない限り、化粧品へのアルコール利用は認められている。

　化粧品（および日用品）と言う単語は、人体の外部に接する物質や調合液を指し、表皮、髪、爪、唇、外部生殖器や、口腔内粘液などに対して使われる[1]。一方、食品医薬品化粧品法（FD&C法第201条(i)）によると、化粧品とは「洗浄、美容、魅力の向上、外見の変化を目的として人体に塗りこみ、注入、ふりかけ、噴霧、移植、塗付される目的で作られたもの」として定義されている。[3]

　化粧品は本質的に複雑な製品であり、高度に加工されているため、先進技術でハラルの原料とハラムの原料を判断できる食品とは違い、化粧品ではその判別が現状ではほぼ不可能である。食品の場合はハラル・ハラム原料を判別するためにはDNAを対象物のバイオマーカーとして使うことが多いが、高度に加工された化粧品だとDNAが変性してしまっていることが多い。その他の方法も研究がされているが、安全性検査で使われている通常の方法以外には、化粧品に対するハラル検査はまだ確立されたものがない。

　このため、化粧品の最終製品がハラルであることを保証するには、原材料や中間財が確実にハラルであることを確認するということが肝要であり、検査により判断を下せるようになるためにはさらに高度な手法が開発されるのを待たなければいけないだろう。とはいえ、最終製品のハラル性を確認するためには、その原材料がハラルであることを確かめることがもっとも直接的な方法であることは間違いないだろう。必要なのは、ハラルの原材料や中間財を使っていれば最終製品の化粧品もハラルであると安心できるような認証制度を作ることである。

　2005年マレーシアからの化粧品、香水、美容品の輸出は前年比で15.1％増加した[4]。国内の化粧品会社が自らのブランドを確立しているのは非常に心強いことだが、これらの企業は消費者に対して大きな責任を負っており、材料にはハラルのものを使っていることを確実にすることが求められている点を忘れてはならない。国内企業が利用する原材料や中間財の

多くは中国をはじめとする海外から輸入されているということは、事実である。これを念頭に、化粧品の材料を選ぶ際にはきちんと厳選することが、国内生産業者には求められているのである。

　一方消費者に求められているのは、ハラルについての意識を持ち、自らの権利を認識するということである。生産業者は法律上、すでに認められている材料についてはラベルに記載する必要がなく、情報を公開することが求められていないので通常「その他の材料」としてのみ記載している、という点を知らない消費者が多い[5]。これら少量しか含まれていない材料が非ハラルである可能性があるため、この点を理解している若い消費者は、動物由来の原料が全く使われていない植物由来の化粧品を選んでいる[6]。しかしハラル業界で特異な立場にあるマレーシアはこの傾向によって、自らの方向性を変えることがあってはならない。美容業界の関係者は皆協力して、ハラル（そしてトイバ）の製品は安全、高品質、効率的な製品の証拠であるとして、これを推進していく必要がある。美しいハラル製品のみがイスラム共同体を美しくでき、それが人類に資するようにするために、力を合わせていかなければいけない。

出典

[1] Department of Standards Malaysia (DSM). (ed.). *Malaysian Standard MS2200: Part I: 2008 Islamic Consumer Goods - Part1:Cosmetics and personal care - General Guidelines.*
（イスラーム消費財：化粧品およびトイレタリー商品にかんする一般ガイドライン）Standard Malaysia. (2008).

[2] Brunei fatwa of the State Mufti (ed.). Issues on Halal Products, State Mufti's Office, Prime Minister's Office, Brunei Darussalam, pp. 219-231 (2007).

[3] U.S. Food and Drug Administration, Center for Food Safety and Applied Nutrition. CFScan Office of Cosmetics and Colors. 8th July, 2002. Downloaded on 3rd March 2009 from http://www.cfsan.fda.gov/~dms/cos-218.html

[4] *Malaysian Cosmetic Companies Encouraged by Trade Missions*

（貿易使節団により輸出促進を求められるマレーシアの化粧品会社）．Posted on 26th April, 2006. http://www.cosmeticsandtoiletriescom/regulatory/region/asia/2695291.html?utm_source=Related+Items&utm_medium=website&utm_campaign=Related+Items

[5] U.S. Food and Drug Administration. *Guide to inspections of cosmetic product manufacturers.* （化粧品会社の検査に関する案内）
　　http://www.fda.gov/ora/inspect_ref/igs/cosmet.html

[6] Rahmat, K. 2008. The problem with ingredients （材料についての問題）．*The Halal Journal.* Mar. & Apr. 2008 pp. 34-36.

ハラル化粧品：はやりと曖昧さ
— ユミ・ズハニス・ハスユン・ハシム —

　薬用化粧品（cosmeceutical）とは栄養補給食品（nutraceutical）とともに90年台に生まれた言葉で、おおまかに言うと化粧品と医薬品の効果を両方もたらすことができる製品を指している。化粧品（健康福祉）業界では広く使われている言葉なのだが、アメリカの食品医薬品局（FDA）では薬用化粧品と言う単語を定義しておらず、一つの製品カテゴリーとしても認めていない。その代わりに連邦食品・医薬品・化粧品法（FDC法）では薬品、化粧品、その両方という3つの製品カテゴリーを示しているが、アメリカの法律では「薬用化粧品」という単語は正式な意味を持っていないのである。

　FDC法は、化粧品をその使用目的で定義しており、「洗浄、美容、魅力の向上、外見の変化を目的として人体に塗りこみ、注入、ふりかけ、噴霧、移植、塗付される目的で作られたもの」としている。一方、薬品は「診断、治療、病状の緩和、処置、病気の防止を目的としたもの」や「人間や動物の体の構造や機能に影響をあたえることを目的とした（食品以外の）もの」として定義されている。

　しかし薬用化粧品は実際に販売されているものを目にすることができる。例えばフケ用シャンプーは髪を洗うということ、そしてフケの状態に対して処置を行うことという2つの使用目的があるため、ここのカテゴリーに入る。FDAの規則では、このような製品は化粧品と薬品の両方の基準を満たさなければいけない。

　現在この薬用化粧品という単語は、化粧品として販売されているものの、それ以上に生物学的に効果があると「主張している」製品についても使われている。例えばレチノール（ビタミンA）が活性成分として入っていて、角質を正常化するため、顔のシワや肌荒れが減るというスキンケア製品があるとしよう。この場合は薬用化粧品の「生体活性」成分が皮膚細胞を貫通するかどうかはわからないため、薬品と化粧品の両方の要件にあ

るカテゴリーに入る珍しい製品と認識されるのである。
　マレーシアでは、化粧品の規制ガイドラインはASEAN化粧品指令（ASEAN Cosmetics Directive）に従っており、国立医薬品管理局（NPCB）と化粧品産業の代表者たちが参加している化粧品技術作業部会（CTWG）が作成している。このガイドラインによると、化粧品とは人体外部、口腔内の歯や粘膜、と接触し、洗浄、芳香、外見の変更、体臭の矯正、保護、状態の維持を主要な目的としているものまたは調合品であると規定されている。ガイドラインでは「薬用化粧品」と言う単語が条件の中で言及されていないという点は留意するべきだろう。CTWGは化粧品のカテゴリーについて、以下の様な一覧にして説明している。

化粧品・薬用化粧品のカテゴリー一覧と説明
a. 皮膚用（手、顔、足）のクリーム、乳化剤、ローション、ジェル、オイル
b. フェイス・マスク（ケミカルピーリング製品を除く）
c. 色付きのベース（液体、ペースト、パウダー）
d. 化粧用パウダー、お風呂あがり用パウダー、衛生用パウダーなど
e. トイレ用石鹸、デオドラントソープなど
f. 香水、化粧水、オー・デ・コロン
g. お風呂・シャワー用浴剤（塩、泡、オイル、ジェルなど）
h. 脱毛剤
i. デオドラント、制汗剤
j. ヘアケア製品
    - 髪染め、ブリーチ
    - 髪のウェーブ、クセ取り、寝ぐせ直し
    - ヘアセット用製品
    - 洗浄用製品（ローション、パウダー、シャンプー）
    - コンディショニング用製品（ローション、クリーム、オイル）
    - 整髪用製品（ローション、ヘアスプレー、頭髪用香油）
k. ひげそり用製品
l. 顔や目のメークアップおよびメーク落とし用製品

m. 唇に使用するための製品
n. 歯および口のケア用製品
o. ネイルケアおよびネイルアート用製品
p. 生理用品
q. 日焼け用製品
r. セルフタンニング剤
s. 美白用製品
t. しわ取り用製品

　安全性は薬用化粧品業界でも最も重要な問題である。例えばASEAN化粧品指令で書かれているように、「最終製品、原材料、その化学構造と濃度の人体への安全性の評価」は厳格に求められている。これに関連して、最終製品の安全性を確かめるためには、「安全な」材料を選ぶことが重要になる。材料には化学物質、植物抽出物、動物抽出物、香味料・芳香剤などがある。これらの製品の安全性を確実にするために、製造品質管理基準（GMP）もすでに実施されている。

　しかしイスラム社会での薬用化粧品の使用が増加しているにもかかわらず、これらの製品のハラルとトイバ（認められている、健全である）の側面は見過ごされがちである。これらの製品に使われている動物由来の成分、香味料、芳香剤はハラム（法に則っていない）だったり、mashbooh（疑わしい）である可能性が高い。このような材料を使っている場合は、イスラム教徒の消費者は注意する必要がある。

　最近の化粧品はしばしば動物由来の原料を使っていることがある。例えばシャンプー、石鹸、リップスティックなどの化粧品で広く使われる脂肪や脂肪酸は、動物由来の可能性がある。動物の角や蹄、毛髪から取れるタンパク質であるケラチンは、シャンプーやボディローションなどに添加されることがよくある。哺乳動物の尿酸の代謝物であるアラントインは、クリームやローションによく使われている。尿から取ることができるカルバミドは、デオドラント、ヘアカラー、ハンドクリーム、ローション、シャンプーに使われる。動物組織から作られる繊維製タンパク質のコラーゲンは、アンチエイジング用のクリームに使われている。羊、牛、豚、人間

から作られるプラセンタも同様に、アンチエイジングのために広く利用されている。

薬用化粧品のラベルにはよく「天然素材」と書かれていることがある。天然素材には動物由来のものと植物由来のものの可能性があるので、イスラム教徒の消費者としては、それがハラルであることを確認するよう気をつけなければいけない。

化粧品・薬用化粧品における「天然素材」

アルブミン
通常卵白から取られ、凝固剤として利用

アミノ酸
全ての動物と植物の構成要素。化粧品ではビタミンおよびサプリメントとして利用

アラキドン酸
動物と人間の肝臓、脳、アキレス腱、脂肪にある液状の不飽和脂肪酸。通常は動物の肝臓から分離させて作られ、皮膚炎や発疹時用のスキンクリームやローションの一部に利用

染料・顔料
動物、植物、合成物質の色素

システイン
動物や人間の毛髪、動物の骨や関節の繊維など、高ケラチンの物質から取れる含硫アミノ酸。アンチエイジング用のスキンケア製品に使われる

グリセリン
石鹸（通常は動物性脂肪を使用）の製造時に排出される副産物。マウス

ウォッシュ、石鹸、歯磨き粉に使用

ヒアルロン酸
　臍帯や関節液から取れるタンパク質。化粧品のオイルに使用

加水分解動物性蛋白質
　シャンプーや髪のトリートメント製品に広く利用

ラノリン
　羊毛から取れる分泌脂質。スキンケア製品の皮膚軟化剤として利用

プロゲステロン
　一部のしわ取り用フェイスクリームに使われているステロイド・ホルモン

獣脂
　加工された牛脂で、石鹸、リップスティック、シェービングクリームに利用

　このようなハラム（法に則っていない）材料やmashbooh（疑わしい）材料には、代替品もある。例えば植物油を脂肪酸の原料として使えるし、コラーゲンは大豆プロテインから取ることができる。しかしこれらのものは薬用化粧品の大規模生産に使うには無理があったり、経済的に不可能であったりする。2007年のハラル化粧品の市場規模は5600億ドルと見積もられており、薬用化粧品の安全性を確保することだけでなく、それ以上に重要なハラルかつトイバ（許されていて健全）という要件を満たすため、全員が一丸となって取り組んでいくためのチャンスが広がっている。

ハラルかつトイバで安全な日用品のために
― ユミ・ズハニス・ハスユン・ハシム ―

はじめに

　化粧品業界はハラル化粧品の分野も含めて、近年売上が急増し、注目が集まっている。2005年にマレーシアでは化粧品、香水、美容製品の売上高が前年比15.1%増となった。中東ではまだハラル化粧品市場が成熟していないが、6億ドルの市場規模があると見られている。

　化粧品と日用品におけるハラル（許されている）とハラム（禁止されている）の問題は、基本的にハラム原料（ハラム動物、つまり豚由来のもの）が混入していないか、そして豚以外でもイスラムの倫理観に従った屠殺が行われなかった動物由来の原料が使われていないか、だろう。しかし現在では環境団体や、動物保護団体、自然主義のロビー団体の努力により、動物以外の原料で作られた選択肢が数多く手に入れられるようになってきた。消費者は植物由来の原料を使った日用品を選択できるようになった結果、動物由来のハラム原料について心配する必要がなくなったのである。本当にハラル原料（特に動物由来の原料の場合）を使っているのかという深刻な懸念はまだあるのだが、トイバかどうかという問題、つまり製品の安全性（有害でない）や清潔度という側面を含めたところにも注目が集まるようになった。製品や原材料がハラルかどうかを決定する最重要の要素は、人体の健康維持に有効かどうかとい点である。シャリアにおいてハラルとは許されたものや行動を指し、禁止を意味するハラムと対比される。科学的な見地から言うと、ハラムな物質というのは、人体（及び精神）に対して有害な可能性があるからハラムとみなされる。一方、ハラルなものは有効性と安全性を示し、トイバは質がよく健全である（品質、安全性、衛生、清潔、真正）ことを意味する。

化粧品や日用品において、有害な原料が使われる危険性はあるのか？

　ヨーロッパでは化粧品の安全性と有効性が常に大きな問題となってき

た。EU化粧品指令（76/768/EEC）の第2条では、化粧品は通常の条件の下、もしくは合理的に考えうる条件の下で使用された場合に、人体の健康に害を及ぼすことがあってはいけないとしている。実際には、化粧品が健康に重大な危険を引き起こすと考えられることはほとんどない。しかし、長い期間使用し続けるということがあるため、長期的な安全性を確保できるかという側面には特に注意が払われてきた。製品の原材料、化学構造、毒性の分析、使用パターンを管理することによって、ヨーロッパでは化粧品の使用上の安全を確立してきたのである。

しかしアメリカでは、企業に対して製品の安全性テストを義務付ける権利は食品医薬品局（FDA）に無いと環境ワーキンググループ（EWG）は言う。FDAは販売前の製品や原材料に対して、ほとんどの場合は点検をしないし、認可することもない。市販薬に分類されている化粧品に使われているごく一部の着色添加物と活性成分に限って、FDAは販売前の検査を行っている。

化粧品（および日用品）という単語は、人体の外部に接する物質や調合液を指し、表皮（皮膚の一番外の部分）、髪、爪、唇、外部生殖器や、口腔内粘液などに対して使われる。EWGの報告書によると、女性は1日平均168種類の材料が入った12種類の日用品を、男性は85種類の材料が入った6種類の日用品を使っており、子供でも平均61種類の材料に接している。

人の皮膚は主に3つの層で出来ている。表皮、真皮、皮下層である。表皮は主にケラチノサイトからできており、分化して角質層を形成している。真皮（真皮層）は線維芽細胞とコラーゲンでできている。化粧品や日用品は食品とは違い体内に摂取するものではないため、多くの危険性が報告されているにも関わらず、消費者はこういった製品が健康に与える危険性を無視しがちである。例えば危険なものを肌に塗れば、幾つもの層を通り越して吸収され、血液の流れに乗ってしまうこともある。香水であれば吸入してしまうことも考えられるだろう。動物由来以外の原料を使った化粧品や日用品について、考えられているリスクの一部を以下の表に記している。

化粧品の原料と製品の安全性は、急性毒性、経皮吸収、皮膚の炎症、目の炎症、皮膚感作性、感光性、亜慢性毒性、変異原性・遺伝毒性、光変

化粧品と日用品の材料の危険性

材料	機能	製品	接触ルート	危険性
芳香剤	芳香	デオドラント、タルカム・パウダー、ローション、香水	皮膚、吸入	精子の減少、男性の生殖器系の女性化、女の子出生児の体重減少
ヒドロキノン*	皮膚の美白	美白クリーム	皮膚	皮膚がん
鉛	着色料に含まれる	リップスティック	唇	血液内の蓄積により貧血を起こす、高血圧、行動障害
オキシベンゾン	光安定	日焼け止め、リップクリーム、保湿剤	皮膚、唇	精子の減少、男性の生殖器系の女性化、女の子出生児の体重減少
ポリエチレン・グリコール	界面活性、洗浄、乳化、皮膚用コンディショナー、保湿	ボディソープ、ローション、保湿剤、シャンプー	皮膚	有毒、発がん性の可能性
トリクロサン	抗菌	石鹸、ボディソープ、歯磨き粉	皮膚、口	ホルモン撹乱物質の可能性

アメリカ食品医薬品局により検査中
* EUでは禁止

　異原性あるいは光毒性、毒物動態学、代謝研究、長期毒性研究の点から評価することが必要である。実際の安全性のテストは試験管の中で行われることも、動物実験や人体実験が行われることもある。特にEU諸国ですでに行われているように、化粧品についてはすでに安全性評価の検査方法がすでに数多く確立されているが、イスラム教徒はハラム製品や疑わしい製品を避けてハラル化粧品を選ばなければいけないため、いまだにジレンマに悩まされている。

　一般的に、化粧品は植物から作られていればハラルである。しかし植物原料や化学物質であっても毒性を持つ原料が隠されているという可能性

を、消費者は残念ながら考慮しないことがある。原材料の段階でのハラル認証は非常に単純なものだが、最終製品というのは高度な加工が施されており、複雑な混合物が使われていることが多い。このため、科学的手法によって、これらの製品のハラル認証を評価する方法が必要なのである。理想的には、個々の材料と最終製品の段階でそれぞれ調査できるような方法が望ましい。

　例えばフーリエ変換赤外分光光度計は利用がまだ初期段階にあるのだが、保湿剤にバージンココナツオイル使用の有無とその使用量を判定するために利用されてきている。現在の研究では、化粧品の原材料が皮膚の遺伝子の発現量に与える影響について調べることが一つのトレンドになっている。大きな化粧品会社は製品の有効性を改良するため、例えば老化プロセスをゆるめたり、皮膚層の物質の吸収率を改善したりするなどの研究を進めている。ニュートラルレッド色素の摂取量、細胞内酵素の放出、グルコース利用の低下など、化粧品材料の毒性が皮膚に与える研究が進むことで、どの材料が有毒で有害か、そしてどの材料が安全かについて、貴重な成果をもたらしてきた。この点において、物質の濃度によって結果が異なっているので、濃度が重要な役割を果たすことがわかっている。

　結論として、ハラル化粧品と日用品は、豚が使われているかどうかという視点以上の考え方で捉える必要がある。ハラル製品に対する信頼を保証するための方法は、化粧品・日用品業界に携わる全ての人に支持されたものでなければならない。科学者の立場からは、なぜハラムで有害なものを避けるべきなのかについて科学的な証拠を示し、人びとが健康に生き、安全（ハラルかつトイバ）な製品を探し、ハラル認証について効果的な方法を見つけることができるように取り組むべきである。たとえ真実が醜いものだとしても、その真実を包み隠さず明らかにする責任がある。業界関係者はプロの倫理に従い、安全で清潔で品質の高い製品を提供する責任があるのである。マスコミ関係者は製品の奇跡的な効果を消費者に信じこませるよう誘導するのではなく、真実のみをふるいにかけて公開するという社会的責任に従わなくてはいけない。関係当局はハラル認証のプロセスと手続きが普及し、必要であれば適切に運営されるように努めるという立場を明確にするべきである。最後に、消費者は安全（ハラルかつトイバ）な

化粧品や日用品のみが家で使われるようにするため、自らの権利を学び実施していかなければいけない。人類のためにも、ハラルとトイバは有効性と安全性の究極的なベンチマークとして確立して行くべきだろう。

医薬品のハラル問題
— マイジルワン・メル ＆ ハムザ・モハマド・サレー —

はじめに
　イスラム教徒は世界の人口の3分の1に上りおよそ15億人、全ての大陸に広がっているが特にアジアとアフリカに多く、ヨーロッパや北米にもかなりの数が存在する。にもかかわらず、医薬品業界では生産工程の中で、医薬品のハラル（イスラム教徒に許されている）製品問題はいまだに小さい問題として捉えられている。近年になってようやく、世界中のイスラム教徒の間では食品にゼラチンや乳化剤、レンネットなど、疑わしい原料が使われていることに対しての認識が広まったことによって、特に食品の分野でハラル製品への需要が高まってきた。また、このような製品がハラルかハラムかという点は、イスラムの規範と規則に合った手順を踏んでいるかにも左右される。同じように、ハラルとハラムのコンセプトというのは、医薬品についても適用される。

ハラル問題と課題
　一般的に医薬品の原材料は以下のように分けることができる；

a.　加工素材：製品加工、研究開発、生産で利用される素材
b.　医薬品賦形剤：最終的な薬剤を形成するために添加される非活性成分
c.　医薬品有効成分（API）：診断、治療、病状の緩和、処置、病気の防止を目的とした薬理作用やそのほかの直接的影響を得るため、または人体の構造や機能に影響をあたえるために使われる、薬品の活性成分となるもの、またはその混合物
d.　分析用試薬：化学分析に使われる化学物質を検知できる純度を持った化学物質

　医薬品有効成分（API）と賦形剤はすべて、医薬品生産への使用を決定

する前に、安全性、有効性、品質、衛生面を検査するべきである。最終医薬品に入っている素材は、消費者の手に渡る前に、危険性がない（毒がない）ことを確認するよう義務付けられている。本稿では、医薬品業界で最も多く使われる材料の一部を紹介する。

　イスラム教徒に影響がある医薬品やバイオ薬品について、長い間問題になっているのが、ゼラチンの使用である。ゼラチンは通常豚（主に皮膚だが、近年では骨が増えている）か牛（骨と皮革）からとれるタンパク質である。食品や医薬品に適したハラルのゼラチンを提供できるような、近代的で効率的な生産設備工場を喫緊に整える必要がある。このような事業からは確実なリターンが見込め、現在から将来に向けて業界の原動力となるだろう。その理由は以下の通りである。

a　イスラム教徒にとってハラルの医薬品・バイオ薬品を使うことが宗教義務であるのに対し、非ハラルの製品や、疑いのある製品が市場に出回っているため、真にハラルな製品への需要を喚起することができ
b　イスラム教徒の急速な増加
c　イスラム教徒消費者の収入増加により、品質の良いハラルな医薬品に対する需要と購買力が拡大
d　イスラム教徒の消費者と社会にあるハラル医薬品への需要を満たすことは、イスラム教徒として誰かが果たさなければいけない義務であり、これにより他のすべてのイスラム教徒の責任が免ぜられることになる

物質名	コメント
ラクトース一水和物	多くは牛乳を原料とする。問題なし。ハラル
微結晶性セルロース	植物原料を管理された状態で化学的加水分解することで採取。問題なし。ハラル
コーンスターチ	植物原料。食用可能な食品、本来毒性なし。問題なし。ハラル
ステアリン酸マグネシウム	ステアリン酸のマグネシウム塩。通常は豚か、シャリアに則っていない方法で屠殺された牛由来の原料。植物由来も可能。ハラルかハラムかは、原料によって決まる。原料が明記されていない場合はmashbooh（疑わしい）
二酸化ケイ素	透明、無味な粉末で水に溶けない。海岸の砂に含まれる。栄養補給食品の吸収剤、フロー剤として利用。他の栄養素の消化や摂取を阻害し、塩化水素を激減させる可能性がある。（甲殻類の外骨格からとれる）キトサンが代替物となる
シェラック	ラックカイガラムシ（熱帯に住む昆虫）の分泌物からとれる樹脂状物質。錠剤のコーティングに利用。一部の人にとってはmashbooh（疑わしい）もしくはハラム
ゼラチン	主に豚と牛を原料とする。海産物から取られるものもあり。イスラム法に従って屠殺された牛か海産物由来のものならばハラル。豚を原料とするものはハラム。原料が明記されていなければmashbooh（疑わしい）
クロスカルメロースナトリウム	植物由来。内部架橋カルボキシルメチル・セルロース・ナトリウム。製剤には崩壊剤として利用。問題なし。ハラル

　情報不足や説明不足のためイスラム教徒にとって問題になる可能性のある添加剤が、ゼラチン以外にもある。着色料、芳香剤、結合剤、皮膚軟化剤、充填剤、潤滑剤、防腐剤などの添加剤である。医薬品に使われているこれら全ての原材料を記載することは本稿の目的ではないのだが、最も広く使われている添加剤を記すと、ラクトース一水和物、微結晶性セルロース、ステアリン酸マグネシウム、二酸化ケイ素、コーンスターチ、クロスカルメロースナトリウム、シェラックなどが挙げられる。イスラム教徒にとって常に問題になる医薬品成分としてもう一つ挙げられるのはアルコール、特にエタノールもしくはエチルアルコールである。エタノールは液

状の医薬品の安定剤として、および医薬品の抽出プロセスで溶剤として最も広く使われている液体の一つである。ヒドロキシル基（−OH）などのアルコール性化合物は、ハムル（飲用のアルコールや酒から作られたもの）ではない、最終的なハラル製品（食品もしくは医薬品）に含まれるエタノール（エチルアルコール）量が小さく、酔うまでには至らない（マレーシアのハラル認証では、最終製品の0.01％までは今のところ許容されている）という条件を満たせば、通常認められている。

　医薬品の生産では、シャリアによってハラルと認められないものや疑わしい成分はどれだけ少ない分量であっても、ハラルの医薬品に対する信頼自体が揺らいでしまうため、使われるべきでない。製造の現場や隣接施設などは完全にナジス（不浄）や細菌による汚染からは隔離されるようにするべきである。ハラル向けの医薬品は法律や認証機関の求める要件に従うべきである。例えばマレーシアにおける関係当局では、JAKIM（マレーシア政府イスラム開発庁）と各州のイスラム教局・委員会などがそれにあたる。関係認証当局は医薬品生産に使われた全ての素材とプロセスを検査する。許可が降りたら生産業者はハラル認証とロゴを使用することができるが、そのための条件を厳守する必要がある。ハラルの要件に違反していたり、一年間の定期報告書の提出を怠った場合には、その認証が停止・取り消しになることもある。

バイオ薬品のハラル問題

　21世紀はバイオ薬品の世紀になると言われている。バイオ薬品は多くの人、社会、国にすばらしい利益をもたらすが、同時に懸念も生まれている。遺伝子組換え生物（GMO）は現代のバイオ薬品の一つの成果だろう。GMOはバクテリア、イースト、菌類、植物、動物などの有機体から遺伝物質を取り出して意図的に操作して生まれたものである。バイオテクノロジーの技術やプロセスはバイオ薬品を生産する上で、GMOと同様に製薬業界にとって新しいビジネスチャンスを生み出してくるだろう。バイオ薬品、およびその生産に使われる原材料やプロセスについて、イスラム教徒にとっての大きな懸念が少なくとも2つある。バイオ薬品の生産に使われる遺伝子やGMOは全てハラルなものから採られたものでなければ

いけないという点である。もし非ハラル由来のものや疑わしいものが使われていれば、結果生産されるバイオ薬品もイスラム教徒は使用できない。タンパク質発現に利用されるベクターと宿主は、その毒性や病原性を確認しなければいけない。また、培養基やそれ以降のプロセスで使われた原料は、ハラムなものや疑わしいものを使っていない安全なものであるべきである。バイオ薬品には、タンパク質、モノクローナル抗体、ホルモン、酵素などがある。

結論

　食品であれ、薬品であれ、ハラル製品は単にイスラム教徒のためのものではないと生産業者や社会全体を教育し、納得させていくのは簡単なことではない。ハラル食品と医薬品は清潔で安全であることが保証されており、品質もいい。イスラムの厳格なガイドラインや国際的に認められた水準に従って作られたものであるため、これらの製品は全ての消費者が使用できるものなのである。

ハラルな骨移植を実現するための人工骨
― イイス・ソピアン & アセップ・ソフワン・ファトゥラーマン・アルカップ ―

はじめに
　骨移植とは、骨の怪我や遺伝子の欠陥による先天的異常、病気などによって骨がなくなった場合にしばしば利用される。従来は自家骨移植（自分の骨を移植する）、他家骨移植（他者の体から採られた骨を移植する）、異種骨移植（他の動物から採られた骨を移植する）など、実際の骨が骨移植に利用されてきた。自家骨移植を実施するためには手術が一つ増えることになり、骨を取ってくる部位が罹病することがあり、手術時間は長くなり、骨を削りだすのは困難な作業である。一方、他家骨移植を利用する場合は、骨に病気やバクテリア・ウイルスなどの有害物質はないか、手術は合法か、社会的に受け入れられるのか、など重要な点を考慮しなければいけない。異種骨移植では豚の骨が人骨に最も近いため、骨の病気の分子遺伝の研究や、実際の異種骨移植のモデルとしても利用されている。また、マクロやミクロレベルの組織構造、組成、リモデリングのための適合性などについても、犬や羊、やぎ、うさぎなどに比べて豚の骨がもっとも人骨に類似している。

骨移植の需要
　骨移植は整形外科、歯科、顎顔面外科、神経外科、骨粗しょう症などでの利用が近年、急速に高まっている。これにともない、硬組織の移植に使えるような人工的な代替物の製造に対する需要も高まってきている。1998年の時点で生体材料業界の売上は120億ドルだったが、このうち23億ドルは硬組織の修復・代替物の分野であった。生体材料の医療での利用は、今後年間7-12%の割合で成長していくと見られている。
　アメリカでは50才以上の女性のうち半数が骨粗しょう症、つまり低骨密度になっている。骨粗しょう症とは骨密度が低くなり、骨折の可能性が高まることであり、800万人の女性と200万人の男性がこの病気にかかっている。2010年までには50歳以上人口のうち、男性は900万人、女性は2600

万人が骨粗しょう症や骨減少症になると見られている。骨粗しょう症による骨折は、アメリカにおける身体障害や死亡率の高さの大きな原因になっている。アメリカでは通常の立っている高さから転ぶことで骨を折る脆弱性骨折が年間150万件起きており、高齢者の骨折のうちおよそ90％は骨粗しょう症に原因があるとされている。55歳以上の場合、女性では二人に一人、男性では四人に一人が死ぬまでに骨粗しょう症が原因の骨折をすると見られている。女性が足の付根を骨折する可能性は、乳がん、子宮がん、卵巣がんを全て合わせた可能性と同じくらいである。足の付根を骨折した女性のうち半分は、骨折前と比べて運動機能が低下する。骨ミネラル濃度（BMD）とは別に、これまでに骨折したことがあるかどうかが最も大きな骨折の原因になっている。骨粗しょう症は白色人種、アジア人、ヒスパニックに多く、アフリカ系アメリカ人の女性には少ない。腰骨の骨折は特にヒスパニックの女性に多い。65歳以上の白人女性はアフリカ系アメリカ人の女性に比べて、骨折の可能性は2倍になる。都市化された国で最も高い数字が記録された。急速な経済成長を遂げているアジアにとって、今後腰骨の骨折が健康面での大きな課題となってくるだろう。

　一方ヨーロッパにおける骨粗しょう症による骨折は2000年時点で379万件、そのうち大腿骨低位部の骨折は89万件であった（男性179,000件、女性711,000件）。直接的なコストは317億ユーロ（211.65億ポンド）がかかったとされているが、今後の人口構造の変化を考慮すると、2050年には767億ユーロ（511億ポンド）に膨らむと考えられる。また、アジア骨粗しょう症研究（AOS）は、アジア4カ国における大腿骨低位部の骨折を記録、比較するという初めての試みである。香港、シンガポール、マレーシア、タイ（チェンマイ）の1997年の退院記録を取得し、50歳以上の患者が大腿骨低位部骨折（ICD9820）の診断を受けて退院した記録を一覧にした。年齢ごとの発生率を計算し、1989年アメリカの白人人口に合わせて調整した。これにより、年齢調整済みの発生数（100,000人ごと）は以下のようになった。香港は男180女459、シンガポールは男164女442、マレーシアは男88、女218、タイは男114女289であるのに対し、アメリカの白人人口の記録では、男187、女535であった。都会化された国ほど率が高いということである。急速な経済発展が続くアジアでは、大腿骨低位部骨折が大

きな健康問題となるだろう。

　上顎骨骨折は通常、顔面骨格へ高エネルギーの衝撃を与えることで起こる。典型的な例が、オートバイでの交通事故、けんか、転倒などである。運転時のシートベルト着用が強化されてくるにつれ、車のハンドルによる事故時の怪我は胸部よりも、顔面の外傷が増えてきた。また、化粧品業界では顔の老化は顔面の軟組織が重力によって下がってくることであると定義されているが、これだけが理由では無いという点がわかってきた。顔の骨も年によって変化していき、頬骨が平坦化し、軟組織の移動が加速することになっている。

骨移植用の素材

　整形外科では負荷のかかる施術には金属が広く使われてきた。しかし人体内部に金属素材を使うと腐食、金属疲労、組織の拒否反応などの様々な問題が起こりうる。ほとんどの場合、金属のインプラントは繊維組織に包まれているため、圧力が適切に分散されなくなり、インプラントが緩んでくることがある。もし素材に毒性があれば、周辺組織が死んでしまうし、毒性がなく不活化処理された素材を使えば、繊維組織が形成され、厚みがバラバラになってしまう。しかし、毒性がなく生理活性物質の素材を使うと、界面結合が生じる。使用する素材は、生物学的に適合性が高くなければいけない。一般的に言って、適合性とは周辺組織の表面がインプラントを受け入れられるかということを意味するが、広い意味で言えば、毒性がないこと、発がん性ではないこと、化学的に不活性であること、人体に利用しても安定していることなどを含める。

　豚の骨が人体の骨に最も近いということは、すでに明らかになっている。骨移植を必要とする患者には骨の問題を解決するために良い知らせなのだろうが、豚を利用した異種骨移植はイスラム教徒にとっては問題となる。イスラム教徒が受け入れられるようなハラルの骨移植が必要とされているのだが、幸運なことに、生理活性物質であり適合性も高く、実際の骨と近い人工骨が既に開発されている。この人工骨はヒドロキシアパタイト（HA）と呼ばれる、リン酸カルシウムのセラミック素材を使っているが、人体も60%-70%はHAで構成されているため、人骨に類似していると

言える。HAはリン酸カルシウムから生成される。例えば、たとえば、第二リン酸カルシウム、リン酸三カルシウム、リン酸テトラカルシウムを混ぜて、体内で試験的にHAへと変換させることができる。人間の血漿の組成に似た人工的な体液を利用し、流体内での反応を研究しているが、準安定人工体液は、燐灰石のように骨の自然生成と成長を促進することが証明されている。生体模倣で作られたこの液体を利用することで、体内での細胞分化が促進され、骨を形成するための細胞分化が誘導され、骨基質への同化が始まり、骨との結合力が増すことになる。

　HAは骨の代替物として幅広く使われている。マレーシア国際イスラム大学では、HAを使った人工骨移植の開発を始め、研究開発が進行している。リン酸三カルシウムという別のリン酸カルシウムとともに、HAは過去三十年間、最も広く人工骨移植用の素材として使われてきた。このバイオセラミックス素材はセメント、粉末や顆粒、高密度な物質や多孔質な物質など、様々な形に利用できる。実用の期待は非常に高く、例えば頭蓋部の復元に使用しても汚れていた部分以外では感染もなかった。この感染は素材の問題ではなく技術的な問題であり、その後体系的な抗生物質と高圧酸素療法によりきちんと対処することができた。体内における多孔性HAによる骨再生を組織学の見地から見ると、HAの全域において術後6週間以内に成熟した骨の内部成長が確認され、圧縮に対する強度も上昇した。骨組織の再生は、生理活性物質で形態形成タンパク質をキャリアとして利用した方式でも行うことができる。

結論

　人工骨の開発は今後有望であり、倫理的な理由や宗教的な理由から人体に動物の一部を使うことができない患者の需要を満たしてくことができるだろう。

あなたの薬はハラルですか？
— カウサー・アハマド —

　人生で最も確かなものは死である。死から逃れられる人はほとんどいない。死ぬ前には我々は生きていかなければならず、そのためには健康に気をつける必要があるだろう。病気になれば医者に行く、薬屋で薬を買う、漢方店に行く、マッサージを受ける、買い物に没頭するなどの選択肢がある。いくらでも選択肢はあるだろう。どのくらい深刻な病気なのか？パナドールを飲んでおけば治るような、ただの頭痛なのか？

　マレーシアには比較的質の高い医療システムが整っている。金銭的な心配をしなくても、国内一流の私立病院にいき、最高水準の治療とサービスを受けることができる。そこまでお金がない人でも、政府が運営する病院や、地域のクリニックにいつでも行くことができる。病院に行った後、患者は何をもらうのだろうか？大体の場合、薬を受け取ることになる。ではそれはどのような薬なのか？患者は薬についての知識があるのか？薬が自分の体に与える影響を認識しているのか？副作用については説明を受けたのか？薬は本当に必要なのか？患者たちは消費者として知っておくべきこともある。何をしなければいけないのか？指示に従うのだろうか？言われたように、きちんと一日3回薬を本当に飲むのか？せめて1回くらい飲むのだろうか？

　もう一つ知っておくべきことは、薬の内容物である。これまでにも、食品のラベルにはっきりとグルテンが入っていないことを示しているラベルを見たことがあるだろう。このような包装上の表示がなければ、加工食品を口にしてアレルギー反応を起こしてしまう可能性もあるわけであり、グルテンに対するアレルギーがある人には重要な情報である。グルテンは加工食品の成分の一つにすぎない。例えば鎮痛剤の中にはメフェナム酸が医薬品有効成分（API）として入っているかも知れないが、その他の医薬品賦形剤として含まれている。

　医薬品有効成分（API）、薬品、医薬品賦形剤、API以外の添加剤は違うものである。では一体どのようなものなのか？どのように機能するの

か？どこで手に入れられるのか？どのようなプロセスで生産されるのか？原料は何か？豚由来の原料なのか？生産プロセスを理解するのはすこし難しいかもしれないが、許された素材原料を使っているのかどうかは、すぐに理解できるだろう。イスラムにおいては、豚由来の原料は、それがどの部位であってもハラムであるとみなされ、イスラム教徒が消費することは禁止されている。

　まずAPIを見てみよう。ビタミンD欠乏を補うために使われるカルシフェジオールは豚の血漿から作られている。その他にもハツカネズミから作ることもでき、これは豚と違って認められているが、豚以上に気持ち悪いと感じる人もいるだろう。また、豚の甲状腺からは、閉経後の骨粗しょう症治療に使われるカルシトニンも作ることができる。これは通常注射によって投与される。

　病気にかかりたい人など、恐らくいないだろう。我々の食生活や、食べたいものを食べるためにかける時間を見てみれば、「ビジョン2020」で掲げた目標にも、納得できるのではないだろうか。栄養価が高く健全な食事でも大量に消費すれば、医療費がかさんでくる可能性がある。このため、国の発展の過程においては貧困削減が前提条件となるが、徐々に拡大する医療費をどのように抑えるかに焦点が移ってくるようになる。そもそも、健康的な食生活を心がけるように奨励する広告自体、タダではないのである。肥満は自らが招いた病気だと言うこともできる。我々が求めているのは健康的で知的な労働者であり、常に病院通いしている人びとではない。豚由来の原料を使っているものとしては、糖尿病の治療に使うインスリンというものがあるが、これは雄牛でも雌牛でも作ることもできる。Insulininという商品名を調べてみれば、豚を使っているということがわかるだろう。科学技術の発展によって、現在ではほとんどの人（処方されたうちの93％）は遺伝子組み換えで作られたヒトインスリンやインスリン類似体を治療に利用しており、動物由来のインスリンは7％になっている。

　ダルテパリンやテデルパリン・ナトリウムは豚の腸粘膜を原料としている。これは血栓の形成を防ぐことで不安定な狭心症の治療に使われたり、術後の深部静脈血栓症を防ぐための予防薬として使われたりする。

幸運なことに、原料は牛の肺からも取ることができる。手術を心待ちにしている患者は、手術前、手術中、手術後も滅多なことでは薬の原料を聞くことはないだろう。病院の職員が患者を手術室に連れて行こうとしている時に、薬がハラルかハラルで無いかを医者に問いただすことはなかなかできないだろう。しかし、手術前に麻酔医や執刀医に質問し、懸念を伝えておくことはできる。患者自身はもしもの事態を考えることでいっぱいで、ハラル問題にはほとんど考えが及ばない。もし患者が他の選択肢がないかと聞けば、手術法やその他の条件にもよるが、アメリカの食品医薬品局が承認しているアリスタAH（メダフォーインク）などを使用するかもしれない。これは患者の状態にかかわらず、血流を遅くして、凝固して止血する。ではこれはハラルなのだろうか。じゃがいものでんぷん質から取られる多糖類で作られているので、確かにハラルである。ハラルの選択肢があるのかどうかは、常に医療の専門家に相談するべきである。

　禁止されている豚からどれだけ多くのものを手に入れられるのかを見ると、驚くばかりである。イスラム教徒以外には選択肢として与えられている製品が数多くあり、イスラム教徒にとっては、それに屈してしまうかどうかは試練であるが、ハラルの選択肢を見つけ、商業化できる薬品を研究開発するための課題ととらえることもできる。とはいえ、植物由来の薬品や、一から人工的に作られた薬品をハラルと認めることにも問題はある。モルヒネをハラルと認めて、それを使用した結果については気にしないなどということは可能なのだろうか。この疑問は規制機関にまかせておけばいいが、消費者として我々の見解を述べることはできる。製品のラベルに「植物由来」と記すことにより、豚や、適切に屠殺されていない牛や羊を使用していないことを明確にするという点はいいのではないだろうか。

　上に挙げたのは医薬品有効成分についてであるが、では添加剤や医薬品賦形剤についてはどうだろうか？非ハラルなものとしてよく上げられるのが、アルコールである。液体製剤に使われるアルコールは、ほとんどの場合は溶媒として利用されている。ではこれはハラルなのだろうか？ハムル（飲用のアルコールや酒から作られたもの）は明らかにハラムだが、原料としてハムルを使っており、それを溶剤として溶かした混合物は明らか

にハラムと言えるのだろうか？ここでは宗教的な解釈と介入が必要だろう。そのアルコールが合成物質であったり、飲んで酔うために作られたアルコール飲料でなく、医療目的の成分として使われていたのであれば、これは法に則っているということが、1984年4月11日-12日に開かれたマレーシアのイスラム宗教問題全国評議会のファトワ委員会第7回会議で決められている（http://www.e-fatwa.gov.myを参照）。製造コストの増加が考えられることから、医療目的のアルコールは、アルコール飲料とは別だと考えて大丈夫だろう。

　また医薬品賦形剤としてよく使われるのが、ゼラチンである。カプセル剤は豚のゼラチンを利用していることがあるが、牛を原料としている可能性もある。利用している牛などの動物がイスラムに則って適切に屠殺されていればハラルとなるが、もしそうでなければハラム、もしくは疑わしいものと判断される。また、魚や鶏を原料とした「野菜カプセル」といわれるものである可能性もある。トローチやソフトカプセル、カプセル剤、その他の製品に豚由来のゼラチンが使用されていればそれを明確にしなければいけない。消費者は何を口にしているのかを知るべきである。最終的に決断をするのは消費者自身であるが、そのために必要な情報は与えられていなければいけない。

　もう一つ注意すべきなのが、医薬品の製造という側面だろう。最低限の基準は、国立医薬品管理局が認証する製造品質管理基準（GMP）によって監督されている。また、ISO9001:2000の要件を含めたISO15378:2006や、医薬品の一次包装のデザイン、製造、供給についてGMPの認証を受けている製造工場もある。これらの認証は医薬品のハラル性を保証するものではないが、医薬業界でのガイドラインは現在作成されているところである。これはマレーシア政府イスラム開発庁（JAKIM）の意見を取り入れたマレーシア基準、長い間待ち望まれていたハラル医薬品基準になるものである。この試みからいい結果が生まれることを望むこととしよう。少なくとも明確なラベルを使うようにしてほしいものである。

第 4 章

ハラル・ツーリズムと接客業

接客業界でイスラム教徒にやさしい施設づくり
― ノリア・ラムリ ―

　ハラルとは食品、化粧品、医薬品、銀行業、金融業、サービス業だけに限られたものではなく、観光業にもハラルがある。これは観光業界でも新しい製品・サービスと言え、イスラム教徒や家族が休日を過ごせる旅行先を提供することを目的としている。このようなサービスでは、イスラム教徒の家族が従わなければいけないシャリアに準拠したものを集めて　パッケージとして提供しているのである。例えば、イスラム教徒向けのホテルではアルコール類は提供できず、スイミングプールとスパ施設は男性と女性に分け、隔離された場所に設置する必要がある。これら新しいサービスでは、イスラム教徒観光客のニーズを満たし、彼らがどのように待遇して欲しいかという要求に応えることを目指している。マレーシア、トルコやその他の中東諸国では、イスラム教徒の宗教信仰関連のニーズを満たすような施設を提供することで、世界中からイスラム教徒を観光客として招き入れようとしている。

　イスラム教徒向けのホテルや、シャリアに従った接客という考えは、

何も新しいものではない。イスラム教徒のニーズを満たすために作られたイスラム・ホテル・ブランドやイスラム教徒向けホテル経営というコンセプトは、現代の欧米ホテルで提供されているサービスとさして変わりがない。礼拝の方向を天井に示したキブラ、礼拝用のマットであるサッジャーダ、ビデを部屋に設置したり、アーチ状の構造を部屋の中に取り入れたりすることにより、イスラムで真正なものと認められる。このような部屋は提供される機会が多くなっており、人気も高く成功を収めている。しかしホテル運営会社や欧米のフランチャイズは、上に挙げたような表面的なサービスの提供だけにとどまらず、イスラム教徒が本当に求めている高品質サービスや施設を整えるため、今まで以上に取り組んでいかなければいけない。

世界的水準でこのようなコンセプトを実現するためには、正しいテーマに基づいた雰囲気作り、正しい建築方法、内装や外装、作業工程やそのスケジュール、きちんとコンセプトを理解できている従業員が求められている。そして最も大切なのは、世界中からあこがれと尊敬を集める5つ星の品質を独自の方法で追求していくことが最終的には必要なのである。

イスラム・ホテル・ブランド、家族旅行、ムスリム・ツーリズムは今後、成長著しい湾岸諸国において大きく注目を集めることになるだろう。この分野で求められているニーズを埋めようと、競争はすでに始まっている。ドバイやその他の中東諸国では、ホテル業界がイスラム文化向けの施設や観光地に来る旅行客を受け入れることで、今後成長する余地は大きく残されているという認識が開発業者の間で急速に広まっている。新しいブランドを通じて、イスラム教徒が慣れ親しんでいる本格的な体験をできるようにすることで、伝統的な価値観や習慣を提供していこうとしている。

ドバイに新しく建設されたタマニ・ホテル・マリーナはイスラム系のタマニ・ホテルズ・アンド・リゾートによって運営されているが、ここはイスラムの原則に従った接客を実現したホテルである。このリゾート・ホテルではアルコールの提供がなく、ハラル食のみを提供し、利益のうち一定の割合をチャリティに寄付する。

ハラルの接客業と観光業は東南アジアにも広がってきている。マレーシアもイスラム教国としてこの波に乗り、イスラム教徒に人気のある旅行

先の一つとなっている。7月と8月はマレーシアではアラブ・シーズンとして知られている。湾岸諸国では最も暑い季節に入るため、アラブ人が暑さを逃れて大挙してマレーシアへやってくるからである。一週間から一ヶ月に及ぶ休みを満喫したい多くのアラブ人にとって、マレーシアは人気のある旅行先の一つである。多くの人たちは家族全員を連れ、マレーシアの観光地や温暖な気候を楽しむことになるのである。また、マレーシアには現地人や観光客を数多く受け入れることができるショッピングモールやレストラン、その他公共施設が整えられており、こういった点でも発達していると多くの人は考えているだろう。

　マレーシアのホテル運営会社はこのような千載一遇のチャンスをものにするため、計画的に行動し、イスラムの要件を満たしたサービスを改善しながら提供していくべきである。それは単にハラル認証を受けたキッチンでハラル食品を作って提供するということだけではなく、ハラル・スパや健康施設も含めてのことである。このようなハラル・スパや健康センターで提供されるサービスは男性用と女性用で別のフロアに設置する必要がある。伝統的で保守的な考えが強い中東からの観光客が多いホテルでは、こういったやり方が理想的になる。また、女性用と男性用ではスイミングプールも別個に設置することを検討するべきである。この場合、フロアも別にすることが望ましい。これは一部の例にすぎないが、ホテルの評価は、このような施設が提供されているかによって変わってくるため、イスラム教徒から高く評価されることは間違いない。イスラム教は家族と道徳的価値観、そして健康で質の高い生活を重視している宗教であり、ここで示したようなイスラム教徒向け施設は、イスラム教徒だけでなく他の文化でも歓迎されるものであろう。

―― ハラルをよく知るために ――

国内外のイスラム教徒向け観光地としてのマレーシアの魅力

― ノリア・ラムリ ―

「イスラムは平和の宗教であり、観光は平和の活動である。平和を築き、人びとの関係を構築していくプロセスの一部である。人びとの平和だけでなく、そのための環境を築いていくことは、まさにイスラムの一部なのである」　(Imtiaz Muqbil, Thailand's Travel Impact Newswire Executive Editor)

　イスラム教徒向けの観光をしたいという人には、マレーシアは多くの魅力を提供できるだろう。建築物のデザインや歴史的遺跡、美術館や記念碑、科学的な製品、接客業やサービスなど、数々の新しい発見を観光客に示すことができる。

　世界中に広がるイスラム系の建築物は不変のイスラムの原則を継承しながら、それぞれ地域的な特徴を持ち、様式的な進化を遂げてきた。マレーシアの建築は国の歴史を反映して、イスラム、ムガール、現代美術、イギリスの影響をそれぞれ受けモザイク状の変化を経てきた。マレーシアはイスラムの影響を受けた後、植民地支配を経て、3つ目の宗主国イギリスから独立を勝ち取ってマレーシア（当時はマラヤと呼ばれた）となり、近代化に成功し、国民の生活の質を向上してきた。

　イスラム教徒向けの観光をするためには、クアラルンプールから遠くまで足を伸ばす必要がない。国立プラネタリウム（地元ではプラネタリウム・ヌガラと呼ばれる）はジャラン・プルダナ沿いの小さな丘の上にある青いドーム状の絵画的な美しい建物である。ここでは先進的な技術と伝統的なイスラム建築の融合を目にすることができる。好奇心の強い子どもやその家族が訪れる最適の場所になっている。

　クアラルンプールから30キロほど南に位置するプトラジャヤのプルダナ・プトラは、イスラムとムガールの要素を合わせた建築物である。この美しい建物には現在首相と副首相の執務室、そしてその他複数省庁のオフィスが置かれている。プトラジャヤではムーア系イスラム建築物の影響を

格付け	イスラム向け施設（有名ホテルが提供する一般的施設以外）				
1つ星	客室内に礼拝の方向を示したキブラ、礼拝用のマットであるサッジャーダ				
2つ星	ハラル用キッチン・ハラル食	礼拝用の部屋スラウ	客室内に礼拝の方向を示したキブラ、礼拝用のマットであるサッジャーダ		
3つ星	ハラル食のみ提供、飲み物はアルコール無し	礼拝専用の部屋スラウと沐浴用のスペース	客室内に礼拝の方向を示したキブラ、礼拝用のマットであるサッジャーダ。50％以上の客室は禁煙	ジムとスイミングプールは女性専用の時間帯を設定	
4つ星	ハラル食のみ提供、飲み物はアルコール無し	礼拝専用の部屋スラウと沐浴用のスペース、および専門のイマーム	客室内に礼拝の方向を示したキブラ、礼拝用のマットであるサッジャーダ。客室は全て禁煙	女性専用のジムと女性用に隔離されたスイミングプール	
5つ星	ハラル食のみ提供、飲み物はアルコール無し	礼拝専用の部屋スラウと沐浴用のスペース、および専門のイマーム	客室内に礼拝の方向を示したキブラ、礼拝用のマットであるサッジャーダ。客室は全て禁煙	女性専用のジムと女性用に隔離されたスイミングプール、スパ、健康施設	シャリアに則った全年齢対象の娯楽施設

強く受けた370メートルの橋を渡るのがお決まりのコースとなっている。湖を横切る形で作られた橋の途中には、それぞれ異なるスタイルの尖塔を見られる8つの休憩所が設置されており、プトラジャヤ湖、プルダナ・プトラの建築、プトラ・モスクの景色を一望にできる。マレーシアの首相公邸であるスリ・プルダナはマレー建築とイスラム建築の特徴が目立つが、西洋の近代的な要素も取り入れ、普遍的な外見をしている。

　マレーシアでイスラム教徒向けの観光をする場合、東海岸のトレンガヌ州ワンマン島のイスラム文明公園は外せない。イスラム文明公園では、世界中に広がる21のイスラム遺跡に触れ合うことができる。楽しいだけでなく学ぶこともできるので、マレーシアでは最も人気のある旅行先の一つとなっている。イスラム世界の不思議を一つの場所で体験できる貴重な場所である。

　イスラムはマレーシアの国教なので、国のインフラ施設がイスラム建築の影響を強く受けているのは当然だろう。イスラムの影響は見た目だけでなく、マレーシアの生活様式にも及び、イスラム教徒だけでなく、マレーシアで暮らすさまざまな人種にとっても重要な要素となっているのは明らかである。マレーシアを訪れる人びとは、その壮大な自然と優しい人びとという美しさにしばしば圧倒されるという。イスラム教徒向けの観光ができるマレーシアは、文化に触れることができるだけでなく、美しく荘厳なモスクなど、国中のいたるところで素晴らしい建築物やレジャーを楽しむことができる、文句のつけようがない旅行先である。

　1748年に建設されたマラッカのカンポン・クリン・モスクはマレーシアでも最も古いモスクの一つである。このモスクは通称ハーモニー通りと呼ばれるジャラン・トゥカン・ウマスと、テンプル通りと呼ばれるジャラン・タンジョンの角にあり、古い中華系の店に囲まれている。しかし、マラッカ川西岸に位置するカンポン・クリン・モスクが建設された当時は、クリンと呼ばれる南方系インド人が多く住んでいる地域であった。このモスクの建築にはいくつかの様式が取り入れられており、14世紀から18世紀まで貿易港として栄えたマラッカで多く使われた融合的な建築の伝統を示している。

　ケダ州のアロー・スターでは、1912年に正式に開かれたザイール・モ

スクが建築のランドマークとなっている。ほっそりとした尖塔の後ろには黒いドームが見え、マレーシアで最も優雅で美的な外見を持ったモスクの一つだろう。

スルタン・ミザン・ザイナル・アビディン・モスクはプトラジャヤにあり、鉄のモスクとしても知られている。この建物は地域冷房システムを取り入れているため、扇風機やエアコン等を必要としていない。また、マドリードのサンティアゴ・ベルナベウ・スタジアムやパリのフランス国立図書館でも使われている建築物ワイヤーメッシュシステムをドイツと中国から輸入している。メインの入口はガラス強化コンクリートにより補強されていると同時に、上質のガラスを使うことで遠方からは白いモスクと見えるような外観を作り出している。

イスラム美術への関心は近年急速に高まっている。こういった注目を背景に、マレーシアは1998年12月、東南アジア最大のイスラム美術館を建設した。マレーシア・イスラム美術館は7000以上の美術品と膨大なイスラム美術関連の本を取り揃えている。展示中の美術品は小さな宝石品から、メッカのアル・ハラム・モスクの世界最大級の縮尺モデルまで見ることができる。イスラム美術ガーデン・コンプレックスは、イスラム美術の遺産、書道、マレーシアの文化モチーフのデザインのセンターとなっている他、クルアーン、伝承録、イスラム美術のICTセンターでもあり、イスラム美術の記念品開発のセンターにもなっている（www.restu-art.com）。

マラッカ・クルアーン博物館は過去何世紀にもわたって発見されてきた聖典（クルアーン）や、イスラムの発展を示す遺物、美術品を数多く展示しており、来館者は世界におけるイスラムの広がりについて知識を深めることができる。博物館はクルアーンや、イスラム美術と遺産についての学問拠点ともなっている（www.perzim.gov.my）。一方、マラッカ・イスラム美術館はイスラムの書物や美術品を揃える展示場であり、イスラムがどうやってマラッカまで来たのか、そしてマレーシアのその他の地域に広がっていったのかを研究するセンターになっている。

東マレーシアでは、サラワク・イスラム博物館がイスラム文明の美しさと素晴らしさをサラワクの人びとや旅行客に伝えている。この博物館ができたことにより、人びとはイスラムが人類文明に与えた影響について理解

し、今まで以上に楽しめるようになることが望まれている。博物館には7つのギャラリーがある（www.museum.sarawak.gov.my）。隣接するサバ州にあるイスラム文明博物館では、ギャラリーが6つであり、イスラム文明や、マレー世界におけるイスラム、マレーシアにおけるイスラム、サバ州におけるイスラムをそれぞれ紹介しており、預言者ムハンマドのギャラリーでは、ムハンマドがどうやってイスラムの教えを広めていったのか、その奮闘の歴史を展示している

　イスラムとその文明に対する関心の高まりにともない、マレーシアにおけるイスラム建築デザインだけでなく、マレーシアにおける教育哲学に対しても大きな変化が生まれることになった。1983年にはクアラルンプール北のゴンバック区で、マレーシア政府会社法に基づいてマレーシア国際イスラム大学（IIUM）が設立され、全ての学部で英語を教育用言語として採用することが認められた。IIUMはイスラム諸国会議機構やその他のイスラム諸国の支援を受け、知識探求という取り組みにおいてイスラム共同体がリーダーシップを取っていくという、現代の世界中のイスラム教徒コミュニティの大きな目標が結実したものと言える。

　マレーシアにおけるイスラム教徒向けの観光とは、単に豊かな遺産を見るだけのものではない。イスラム教徒の観光客であれば、美味しく健康的で安いハラル食を国中で楽しむことができる。例えばクアラルンプールであれば、さまざまな地元料理や現代的な西洋料理を、関係当局からハラル認証を受けたホテルやレストランで楽しむことができる。また、マレーシアの首都でもあるクアラルンプールには最も近代的な交通システムが備わっている。バスやタクシー、モノレール、高架鉄道やKTMコミューター（近郊電車）など、街の内外を便利につなげている総合的ネットワークを利用できるのである。マレーシアでの観光について、より詳しい情報が必要な場合はwww.malaysiavacationguide.comを参考にしてほしい。

第5章

イスラム銀行と金融

イスラム金融の概念
― ファウジア・モハマド・ノール ―

　イスラムの取引法はFiqh al-Mu'amalatと言い、イスラムの契約法としても知られ、所有物、財産、契約、権利、義務などがその対象となっている。Fiqh Muamalahは「販売、抵当、雇用、紛争、証拠、裁定など、人びとの行動や、二者間の取引に関するシャリアの規則」として定義される。

　著名なイスラム学者であるAs-ShatibiはFiqh Muamalahを「対価の有無にかかわらず、品物やサービス・使用権、結婚などについて、契約を結んで財産を移転することにより、関係者が便益を受けることを指す」と定義している。

　よって、mu'amalatとはイスラム法における取引を意味し、法律制定者であるアッラーが定めた行動規範ということができる。人びとの間での財産や使用権の交換を指し、取引から受ける便益について規定したものである。

　契約を規定した基本的なガイドラインは、クルアーンと預言者ムハン

マドの言行・範例（スンナ：Sunnah）からとられているものだが、基本的な原則や規則に反していない限りは、イスラムの取引法は状況に則して変更を加えられることがある。イスラム契約法の哲学とは以下の様なものである

1. **富の循環の継続**
　　富の集中が進めば貧富の差が拡大するだけなので、それを避け、より多くの人々を社会におけるお金の循環の一部として組み込むことを目的としている。ザカート（喜捨：zakat）という義務が神から課されているのも、これが理由の一つになっている。

2. **社会全体へ繁栄と幸福をもたらす**
　　イスラム契約法の2つ目の目的は、富の投資を継続していくということである。社会が繁栄していくためには投資が必要であり、すべての人が投資と富の拡大の成果を享受できるようにするべきである。投資をすることにより、社会と経済活動は拡大し発展していくことになる。

3. **財務の透明性**
　　この目的は、イスラム金融から悪用と浪費を排除し、取引について不明瞭な点をなくすことである。例えばムダーラバ（mudharabah）契約とムシャーラカ（musharakah）契約では、両者は利益の分配比率について同意することが必要とされている。契約を履行する上で、どのような場合でも不当表示や事実の隠蔽は許されていない。

イスラム金融システムの特徴

リバー（利子・高利）の禁止

　イスラムではローンであろうが、日用品であろうが、あらゆる種類のリバーを禁じている。社会の中で富を拡大していくためには、リバーは大きな障害であり、不正と不公平につながっていく可能性がある。

貯めこむことの禁止

富を貯めこみ、還元しないことで、経済と社会に悪い影響が与えられる。経済からは成長と発展が失われてしまう。市場では商品価格が影響を受け、社会的に困難や問題が発生する。

独占の禁止

独占することは他者を犠牲にして少数が利益を得るということなので、商品、金銭、サービス、その他の形態であろうと、すべて禁止されている。投資家が自由に産業や貿易に参加することを阻害するため、経済上の自由が損なわれてしまう。

結論として、イスラム金融システムが公平と正義の概念を尊重していることは明白であろう。個人や社会が違法行為や不正義の被害を受けることは、イスラムでは認めていない。イスラム共同体全てに対して慈悲の心を持つという、イスラムのrahmah（神の慈悲）という精神にもつながるものである。

コンメンダ・パートナーシップ（ムダーラバ）：概要
― ファウジア・モハマド・ノール ―

　ムダーラバとはイスラムの契約形態で、一方が資本（金銭）を提供して、もう一方が経営の専門知識を提供することにより、特定の合法な事業やプロジェクトに取り組むものである。この形態において、前者は出資者（rabb al-mal）、後者は実際の事業を行う代理人（mudharib）と呼ばれる。ムダーラバの起源はイスラムの歴史を数百年さかのぼり、貿易や農業、製造業において利用されてきた。有能だが事業を始めるための資本がないという起業家は、特にこの契約形態による恩恵を受けてきた。少数による富の独占を防ぐことにより、収入が好ましい形で分配ができるようになるということである。

　イスラム契約法では、関係者それぞれに対して異なる義務と責任を課している。原則として、事業の運営は代理人が責任をもつものであり、出資者が事業の運営に干渉する権利はないが、事業の運営が改善するような条件を規定する権利はある。このため、ムダーバラは「眠れるパートナーシップ」と呼ばれることもある。

　ムダーラバは個人形態でも共同形態でも可能なので、イスラム銀行はどちらの形態でも取り扱っている。個人形態のムダーラバでは、イスラム銀行は個人や企業が行う商業活動に対し資金提供し、そこから生まれる利益の分配を受ける。共同形態のムダーラバでは、投資家と銀行が継続的に事業に関わっていく。投資家は特別なファンドに資金を置き、この融資業務が最終的な精算をする段階に至っても整理をせず、利益の分配を受ける。イスラム系の投資ファンドの大半は、共同形態のムダーラバである。

　事業の種類については、オーナーや出資者はどのような事業を代理人（mudharib）が運営するのかを指定することができる。これを制限ムダーラバ、もしくはal-mudharibもしくはal-muqayyadahと呼ぶ。しかし、出資者が事業内容を決める権利を代理人に与えている場合は、代理人が出資先を自ら決めることができる。このムダーラバは、al-mudharabah al-mutlaqah（無制限ムダーラバ）という。この形態では、代理人は通常の業

務の範囲内で、自由に決定する権限を有している。しかし通常の業務を超える決定をする場合、出資者の許可が必要になる。

　ムダーラバで重要なのは、損益分担方式（PLS）をどのように調整するのかという点である。イスラム法では分配比率についての規定は無いため、関係者間の相互の合意に委ねられている。このため、ムダーラバによる契約では、事前に関係者が合意した比率によって、利益が分配されることが認められている。合意さえあれば、例えば出資者が利益の80%や90%を受け取ってもいいし、また逆の比率にしても構わないのである。出資者も代理人も、一定の金額を設定して利益を受け取ることはできない。損失が生じた場合には、出資者がその金銭的な負担を負い、代理人は報酬を受け取ることができなくなる。

　代理人は予め合意した利益の一定割合以外には、ムダーラバ事業について定期的な給与や報酬を請求することができない。大半のイスラム法学者はこの点で合意しているのだが、主流学派の一人であるImam Hanbaliは代理人が日々の食料を買うためにムダーラバの口座から引き出すことを認めている。ハナフィー学派は街の外に出張する際は、個人的な経費、宿泊費、食費などの請求を認めている。事業の一部では利益が生じ、別の取引では損失が生じている場合には、利益を使って損失の穴埋めをすることになっている。もしその後に余剰利益があれば、関係者間で事前に合意した比率で分配することになる。

　ムダーラバ契約は、契約当事者の一方がいつでも打ち切ることができるが、一定の通知期間を設ける必要がある。終了時のムダーラバの資産が現金だけで、元金以上の利益が残されている場合は、合意された比率によって関係者間で分配する。しかし営利企業が発展・成長するためには一定の時間が必要なため、自由にムダーラバ契約を打ち切ることができるという無制限の権利を両者に与えてしまえば、現状では問題が生じてしまう可能性がある。このため、出資者や代理人が時期を早めて契約を打ち切れば、ときに悲惨な状態に陥ることがある。また、代理人の立場になると、労力を注いだにも関わらず事業からの報酬を得られず、深刻な痛手を負ってしまう。このため、ムダーラバ契約を締結する際に、出資者や代理人が死亡するなどの特別な状況がない限り、両関係

者は一定期間契約を打ち切ることがないよう合意を結んでおくのがいいだろう。

　ムダーラバの現代的な利用方法は、一般投資口座（GIA）と特定投資口座（SIA）を見ればわかるだろう。GIAは厳密な意味でのムダーラバであり、利益や損失の分配は宣伝通り、銀行と預金者の間でほぼ一定である。一方、SIAは制限ムダーラバによる契約であり、預金者と銀行の間で利益の分配比率は交渉により決まるが、通常この種の取引では比較的多額の投資金額が求められることになる。

　ムダーラバ契約はプロジェクト・ファイナンスでも利用されており、イスラム銀行は生じてくる利益の配分を受けるという前提でプロジェクトに対して資金を提供している。しかし、プロジェクトが損失を計上した場合は全ての出資者が出資割合に応じてその損失を負担することになる。

　現代のタカフル（イスラム保険）契約でも、ムダーラバ契約の条件をその運用に適用している。簡単に言うとタカフルの契約は、タカフル加入者が家族向けや事業向けのタカフルに契約した時点から始まる。加入者から集められた資金はプールされ、加入者口座（PA）と加入者特別口座（PSA）の2つの口座に分けられる。加入者口座はムダーラバの方式で管理されることになるので、加入者が出資者となり、タカフル運営者を事業者（mudharib）として任命し、イスラム的に認められる投資先に金を投資し、加入者は運営者と利益を共有することになる。

　ムダーラバはユニット型の投資信託にも利用されている。この場合は投資家が資金を提供、ユニット型投資信託会社が管理、そしてそこから生じる利益と損失を分配する形式である。ムダーラバ契約では投資家に対して一定金額のリターンを約束するのではなく、投資家は投資実績から利益を得ることになるのである。

　上述したようなことからわかるように、リバー（利子・高利）に基づいた契約と比べると、ムダーラバがより良い解決策を示しており、社会全体にとっても利益があることは明白だろう。利益と損失を共有するという要素は、イスラム契約法が正義と公平さを重要な原則として捉えているということを示すものである。ムダーラバはハラル業界における金融商品としても最も大切な一つである。

シャリアに従ったビジネスをするために
ムシャーラカ（パートナーシップ）を理解する
― ファウジア・モハマド・ノール ―

　ハラル製品はシャリアの全ての要件を満たしたものである必要がある。使用している材料、加工技術やツールはハラルの要件を満たしているべきである。食品を生産する場合は、自分で資金を調達して投資することもできるが、何らかの形で資金提供を受けることが多く、結果としてパートナーシップを結ぶことになる可能性がある。

　ムシャーラカとは一種のパートナーシップで、二者以上の当事者が資本、労働力、信用力を共有し、利益を分配し、同じような権利と責任を負うという形である。ムシャーラカはshirkah al-milk、shirkah al-amwal、shirkat al-a'mal、shirkah al-wujuhの四種類に分けられる。

　Shirkah al-milkは、二者以上で資産を共同保有する形態である。Shirkah al-amwalは全てのパートナーがジョイント・ベンチャーに資本を提供し、利益と損失を共有する形態である。利益はパートナー間の合意により配分されるが、損失は資本の拠出割合によって決定される。つまり、パートナーは資本の拠出割合以上の損失負担はするべきでないということである。Shirkat al-a'malはパートナーが二名以上いる場合のパートナーシップで、顧客に対しサービスを提供する上で、それぞれが拠出する技能レベルと労働力に応じて決定する。この場合パートナーシップに資金は関係なく、サービス利用に対して課す料金はパートナー間で分配される。Shirkah al-wujuhでは資本は関係なく、パートナーの信用力から与信を受け、ビジネスをするためのパートナーシップを結ぶ形態である。パートナーは掛け売りで商品を購入し、販売する。利益はお互いの合意で分配される。

　銀行を設立する場合は、複数の投資家が資本を提供し、株主となるが、それぞれ出資額は異なる。これらの投資家は自らが銀行の運営に携わるか、第三者を取締役に任命するかを選ぶことができる。

ムシャーラカはプロジェクト・ファイナンスやエクイティ・ファイナンスにも利用することができる。事業体が事業の資金調達をする際は、銀行を訪れて資金援助を受ける。許可が降りると銀行は資本資産を提供し、パートナーと利益と損失を共有することになる。資本の分配、プロジェクトの期間、プロジェクト管理、利益の分配などについて、当事者が相談することになる。ムシャーラカには一定のリスクが伴い、過失がある場合を除き保証はされない。

　信用状（LC）はムシャーラカを前提として発行することもできる。例えば、銀行が信用状を発行する。資金提供者と客はLCを利用した資産の購入に協力し、売却時の売上は事前に合意した比率に応じて分配する。損失が発生した場合は出資額に応じて負担をする。

　ムシャーラカ・ムタナキサはパートナーシップによる契約であり、所有権は時間の経過とともに移行していく。銀行と顧客はたとえば家や施設などの資産を共同で所有するとする。顧客はこの資産を利用することが認められているが、銀行が所有する分について毎月の賃借料を払わなければいけない。銀行の所有分は細かいユニットに細分化されており、顧客は一定期間ごとにその所有分を購入していき、時間の経過とともに顧客の所有分が増え、銀行の所有分が減っていくことになる。契約終了時には全ての所有権が顧客に移行していることになる。ムシャーラカ・ムタナキサにはshirkah（パートナーシップ）、ijarah（リース）、売却という3つの契約が関わってくる。イスラム法学者は、契約文書の中でそれぞれの契約を明確に分けて記すことが必要であると考えている。タカフルを提供することが必要であり、その費用はijarahや売却額に転嫁することが認められている。

　ムシャーラカの社債では、発行者と投資家双方がプロジェクトに拠出し、発行者もしくは第三者がそのプロジェクトを管理することになる。発行者は投資家に対し証明書を発行し、予想する利益率を示すことにする。利益は合意している割合で分配され、損失は出資額に応じて負担される。ムシャーラカ社債はシンガポール・イスラム教評議会がシンガポールにおけるワクフ（寄進）管理体制構築のために実施し、成功を収めている。

　上のようなさまざまな形のムシャーラカ（パートナーシップ）を紹介

してきたが、シャリアに従った「金融商品」にはどのようなものがあるのかを起業家が学び、柔軟に対応ができるようになるだろう。

ワクフ（寄進）のためにできること
― ファウジア・モハマド・ノール ―

はじめに
　共同体に利益を還元し面倒を見るということは、それが個人的にやっていることであっても、組織レベルでやっているものであっても、立派な行動だと言える。ハラル産業に携わる人びとは、ワクフという最も望ましい形での慈善事業で寄付や寄進をすることを推奨されている。ワクフ（Waqf）またはhabsというのはアラビア語の不定名詞で、「停止」「止める」という意味である。イスラム法の観点から見ると、財産をある形に永続的に固定し、譲渡すること無く、そこから得られる収入は何世代にもわたって施しに分け与え続けるという仕組みを指す。クルアーンにはワクフについて特別な記述があるわけではないが、慈善事業という点では数多くの指示が記されている。イスラム教徒であればこれらの指示を見れば、金銭や財産を他者に施すよう駆り立てるには十分だろう。

　アッラーは以下のように言っている。

>「正しく仕えるということは、あなたがたの顔を東または西に向けることではない。つまり正しく仕えるとは、アッラーと最後の（審判の）日、天使たち、諸啓典と預言者たちを信じ、かれを愛するためにその財産を、近親、孤児、貧者、旅路にあるものや物乞いや奴隷の解放のために費やし、礼拝の務めを守り、定めの喜捨を行い、約束した時はその約束を果たし、また困苦と逆境と非常時に際してはよく耐え忍ぶもの。これらこそが真実なものであり、またこれらこそ主を畏れる者である。」
>
> 　　　　　　　　　　　　　　　　（聖クルアーン　2：177）

「かれらは、いかに施すべきか、あなたに問うであろう。言ってやるがいい。「あなたがたが施してよいのは両親のため、近親、孤児、貧者と旅路にある者のためである。本当にアッラーはあなたがたの善行を、何でも深く知っておられる。」

(聖クルアーン　2：215)

「あなたがたは愛するものを（施しに）使わない限り、正義を全うし得ないであろう。あなたがたが（施しに）使うどんなものでも、アッラーは必ず御存知である。」

(聖クルアーン　3：92)

　これ以外にも、infaq（慈善事業として財産を寄付する行為）という考えをイスラム教徒に繰り返し教えるための言葉がクルアーンには数多く見られる。施しをするということは富が減るのではなく増えるのであり、これによって自らには幸福が訪れ、現世及び死後の世界でも成功が保証され、そして何よりも重要なのは、神から認められるということである。ザカートという形で施しが与えられるべき人は、明確にクルアーンで規定されている。貧民や貧困者、資金を管理するために雇用された人びと、改宗したばかりの人びと（新しいイスラム教徒）、囚われの身にある人びと、借金のある人びと、アッラーのために生きる人々、旅路にある人々である。つまり、援助が必要な人びとは、すべて施しの対象になりうるということである。

　イスラム教徒は預言者ムハンマドが作った伝統に従い、施しを与える気持ちができているということは、卓越した資質を持っている人柄を表す最も顕著な点であろう。この崇高な目的のためには、イスラム教徒はお互い競い合っていると言える。Infaqの美徳をイスラム教徒に伝えるために自らの行動と言葉で示してきた預言者ムハンマドの功績は、非常に大きかったと言えるだろう。

　Imam as-Shafi'e を始めとするこれまでのイスラム法学者は、ワクフとし

て寄付できる財産は土地、家、建物など不動産のみとしてきた。しかし時代が変わったため、現在の社会経済状況を踏まえて、イスラム法学者は現金や株式もワクフとして使用できるという考えになっている。

現金のワクフ

現金のワクフは、金銭を媒介としたワクフの仕組みである。社会のあらゆる階層で実行することができるものだろう。たとえばマレーシア・ワクフ基金（Waqaf Foundation of Malaysia／Yayasan Waqaf Malaysia）では、以下の方法で5リンギットから寄付を受け付けている。
a) 給料からの引き落とし
b) 窓口での一回払い

現金のワクフを認める目的は以下の様なものである。
a. Sadaqah jaariah（継続的な施し）としてワクフの実施を強化し、ワクフとして寄付できるような不動産がない一般的なイスラム教徒でも寄付できるようにすること
b. イスラム共同体の強い協力とta'awun（相互補助）の精神に基づく社会的・経済的発展が可能であることを示し、イスラム社会がワクフは実現可能で信頼できる経済システムとして認識するよう奨励すること
c. イスラム共同体の経済発展のため、ワクフの財産を体系的、効率的、戦略的に運用すること

現代の世界において慈善事業が政府の役割を実際に補完してくれているということは明らかだろう。何に対して多額の政府支出をするべきなのか、そして何に対して慈善団体の非課税措置を認めるべきか、範囲を決めることは簡単ではない。しかし教育、医療、社会福祉について、時間が経つに連れて政府がやるべきことと慈善事業がやるべきことのバランスはとれてきたと言える。

マレーシアでは各州のイスラム教委員会がワクフ株券の販売でワクフ基金を募ったり、一般から現金のワクフを受け取ったりしている。

連邦政府は所得税法1967（vide LHDN.01/35/42/51/179-6.5261、Govt. Gazette（官報）14369号2004年7月27日）の44(6)条に従い、現金のワクフとワクフ株総額を所得税から免除している。ジョホール州、マラッカ州、スランゴール州などいくつかの州では、イスラム教委員会が「ワクフ株」を発行し、10リンギットから認証購入を可能にしている。これによりワクフの永続性を確保し、その分配金は慈善活動に回される。集められたお金は商業活動に使われるか、イスラム銀行に預金される。ジョホール州では「ジョホール・ワクフ株によるビル」が400万リンギットで建てられ、3800エーカーのプランテーション計画が資金提供を受け、カイロにおけるマレーシア人留学生のために6階建てのホステルが購入された。

マレーシア・ワクフ基金（Yayasan Waqaf Malaysia、YWM）

YWMは2008年7月23日全国ワクフ団体として、ハッジ・ザカート・ワカフ局（Jabatan Wakaf, Zakat dan Haji, JAWHAR）が受託（法人化）法1952（258条）のもと設立された。各州においてイスラム教委員会が唯一ワクフの法定管理者となっているが、YWMはイスラム教委員会と協力してワクフの資産拡大を促進していくことを一義的な目的としている。

現在ではYWMはワクフ・ファンド・プロジェクトと現金ワクフ・スキームを活動的に推進している。2010年にメイバンク・イスラム銀行と覚書を結び、2010年7月2日にワクフ預金ファンドを立ち上げた。これはイスラム教徒もそれ以外の人びとも、ワクフへの積立金として預金をおくことができるようにするための取り組みで、共同体としての構造ができあがっている。このように利用者に対して総合的ワクフのソリューションをマレーシアで提供する金融機関は、メイバンクが初めてである。2010年にはメイバンクのワクフ・ファンドには200万リンギットを超える積立金が集まった。メイバンクは大きな支店が12あるほか、新たに2つが開く予定となっており、全国で380支店を展開しており、その総資産は400億リンギットを超えるため、アジア太平洋地域では最大、世界でもトップ15に入るイスラム銀行である。メイバンクはその利用者に対して、今の世代と将来の世代のために使えるsadaqah jaariah（継続的な慈善基金）を設置する機会を提供している。入金はATM、Maybank2u.com、自動引き落とし、店頭窓口の

いずれでもできる。

　利用者が寄付するワクフは一箇所に積み立てられ、継続的な収入を生み出すために専門家が管理し、ワクフの土地開発や、YWMの行う寄付イベントなどのために使われる。ワクフの積立金からの収入は、社会福祉、教育、医療、公共施設、極貧の女性、老人や孤児などのための資金としてYWMを通じて拠出されている。

ケーススタディ：ジョホール・コーポレーションとワクフ開発

　マレーシアでワクフを広める上で、最も成功している事業のサクセスストーリーを一つ挙げるとしたら、ジョホール・コーポレーションになるだろう。ジョホール・コーポレーションはワクフの考え方を会社の事業活動に組み込んだのである。

　ジョホール・コーポレーションが実施したユニークな考えの一つとして「ビジネス・ジハード」というものがあるが、これはイスラムの中でも最も強力な「ジハード（奮闘）」と「ワクフ」という考えを組み合わせたものである。ジョホール・コーポレーションは「ビジネス・ジハード」と「企業によるワクフ」という考えを実行する証拠として、株式配当金のうち25％を株からワクフの方に割り当て、社会的に意義のある宗教活動や慈善活動に対して資金を出している。ジョホール・コーポレーションが「企業によるワクフ」という考えを打ち出したのは2006年のことで、Jcorp Kulim (M) Bhd、KPJ Healthcare Bhd、Johore Land Bhdが所有している数千万株の株式を、Kumpulan Waqf An-Nur Bhdに移譲して信託することで始まった。

　ジョホール・コーポレーションの主なCSR活動は、Klinik Waqf An-Nur Bhd（KWAN）というプログラムを通じて行われている。このプログラムには、5つの透析設備付きのクリニックを含めた8つの外来クリニックが参加しており、慈善活動を行っている。ジョホール・コーポレーションは成長する医療ニーズに応えるため、2006年にパシル・グダンではこのプログラムに参加する最初のHospital Waqf An Nurを設立した。

結論

　上述したように、ワクフは国のより良い未来を築いていくという上で、重要な役割を担っていることは明らかだろう。国の発展に寄与するため、株式であれ現金であれ、ワクフを通じて社会全体がこの取組に参加をすることが望まれている。ハラル業界の関係者も、このようなワクフのスキームに参加することで、それぞれのCSR活動を実施することができるだろう。イスラムにおいて企業と個人の社会的責任というのは、権利でなくて義務なのである。分かち合うということは、思いやるということなのだから。

第6章

その他の分野のハラル

ハラル関連問題についてのポータルを設置する必要性
― サイド・サリム・アグハ・サイド・アザムトゥラー ―

　イスラム教徒以外の人びとがイスラムの教えや考え方を理解できないのは、イスラム教徒自身がその教えや考え方、原則の意味や重要性を明確かつ簡潔に説明してこなかったことが、理由の一つに挙げられるだろう。イスラムへの理解や、その慣習や文化への理解を深めるためには、簡単でわかりやすい言葉で説明することが必要になるのである。
　イスラム教徒以外の大半の人びと（そして残念ながら一部のイスラム教徒）がイスラムの慣習の意味を理解できていないもう一つの原因として、信頼できる情報が簡単に手に入らないから、ということも考えられる。必要とされている情報がさまざまな場所に散らばっていたり、簡単に手に入らなかったりする。イスラム教徒はイスラムのより良い理解を広めるためにも、適切な行動を取っていくことが義務として求められている。
　ハラルのコンセプトと、ハラルが日常生活で多方面に与える影響についての情報を一箇所に集めるようなワンストップの情報ソースを設置すれ

ば、ハラル業界の可能性も今後広まってくるだろう。インターネット上には情報のハブとなるようなポータルがすでに存在している。ポータルは単なるワンストップの情報ソースというだけではなく、同じトピックについて他の情報ソースも提供している。それぞれのポータルは必要性と有用性を高めようと、提供する情報が広がってきている。生活の中でどうしてハラルのコンセプトに従うことが重要なのかを対外的に発信していくため、ハラル問題についてのポータルを設置することが求められている。これにより、イスラム教徒でなくてもハラル製品やサービスの良さがわかるようになり、衛生基準を満たしていて健康志向なハラル食品を食べることで得られるものがあると理解してもらえるだろう。

下のインターネットからの抜粋は、ポータルのコンセプトを明確にしてくれるだろう：

> 「ポータルとはゲートウェイとほぼ同義語でワールドワイドウェブのサイトを指し、ユーザーがウェブに接続した時にまず訪れたり、何度も戻ってきて利用する。ポータルには一般的な情報のものと、特化したニッチな情報のものを扱うサイトが有る。一般的な情報を扱うポータルの代表例はYahoo、Excite、Netscape、Lycos、CNET、Microsoft、アメリカオンラインのAOL.comなどがある。ニッチな情報を扱うポータルには、ガーデニング情報を扱うGarden.com、投資家情報を扱うFools.com、ネットワーク管理者向けのSearchNetworking.comなどがある。」

大きなアクセスプロバイダーの中にはユーザー向けのポータルサイトを提供しているところが多い。大半のポータルはYahooのようにカテゴリー別に情報をわけ、文章が多く、軽くて速いページを作ることでユーザーが簡単に利用できるようにしている。ポータルは多くの人の目につき、広告価値が高いため、ポータルサイトを運営している会社は株式市場でも好意的に受け止められている。

ポータルサイトにはウェブサイトのディレクトリ、他のサイトの検索機能、ニュース、天気情報、メール、株式情報、電話番号・地図情報、そ

してときには地域公開討論会などの情報がサービスとして提供されていることが多い。Exciteはユーザーが自分の興味に合わせてサイトの情報を設定できるようにした初めてのポータルの中の一つである。

　こういった理由から、ハラル問題についてのポータルを作るのが合理的だろう。ポータルには以下の様な情報を掲載するのがいい：

● ニュース

　世界中のハラル業界や関連問題で、いろいろな変化が起きている。このような変化について定期的に情報を入手し、ニュースとして配信していくことにより、サイトへの訪問者を増やして行くことができるだろう。ハラル業界のさまざまな関係者から協力を得ることによって、そのような情報を手に入れることが可能になるかもしれない。掲載するニュースは簡潔にまとめ、元々の情報ソースへのリンクとRSS機能をつけ、読みたいニュースを選んで読めるようにするのがいいだろう。

● 基本的なハラル情報

　このセクションではイスラム教徒もそうでない人びとも、専門家でない人や業界関係者であってもすべての人を対象に、ハラルの意味は何なのか、何が必要なのか、生活の中でどのような影響を受けるのかという情報を提供していく。このセクションの目的は、興味がある人びと全てに対してハラル問題について教育することである。ハラルについての宗教的な側面、社会的な側面、そしてハラルとは何なのかという点についての情報を提供する。その他の情報ソースへのリンクや参考文献など情報へのアクセスも提供するべきである。

● ディレクトリ

　どのような業界であっても、コミュニケーションを増やせば確実に業界の成長は早くなる。ハラル問題を扱っている、もしくはその知識がある団体や個人の情報をオンラインのディレクトリで管理することによって、世界中の組織間そして個人間のコミュニケーションがより

効率的になるだろう。このようなディレクトリを構築すれば、購読料や使用料を請求したとしても、ウェブサイトの利用者が増えるだろう。

● **実践のためのコミュニティ**

知識を共有することにより、学習のスピードは早くなり、仲間内での議論が可能になり、理解度は上がり、より良いアイディアが生まれ、プロセスに関わったすべての人がそれぞれの形で利益を得ることになる。同じような興味をもつ世界中の人々とインターネットについての知識を共有することは既に可能になっており、さまざまな分野で知識と実践が始まっている。このような知識の共有は「実践コミュニティ」と呼ばれている。

このような趣味の分野での共有コミュニティが、ハラル関連ウェブサイトでスポンサーされるようになり、適切に管理していけば、ハラル業界で革命的な変化が起きうるだろう。また知識を身に付けることが簡単になり、学習のスピードが上がり、社会全体がメリットを受けることになる。特に学者、研究者、ハラル業界関係者は最も大きい利益を受けることになるだろう。

● **ハラル問題についてインターネットでの出版を自由化**

現在インターネットには情報が豊富にあり、その中から価値のある情報を探すには一定の作業が必要になる。さまざまなトピックの本やジャーナル、データベースがネット上にはあふれており、その多くが無料である。これら無料の情報を利用した場合は、きちんとリンクを貼って出典を明確にし、簡単にアクセスできるようにするべきである。

● **ハラル問題についての研究**

世界中で行われているハラル研究に関する情報を一箇所にまとめているような場所を作る必要がある。このような場所があれば幾つものサイトを渡り歩いて何度も調べる必要はなくなり、研究にかかるスピ

ードも早くなるだろう。このような取り組みに参加してもらうように要請すれば、研究を行っている団体は賛成してくれるところもあるだろう。提供を受ける情報は、おおまかに以下の様なカテゴリーに分類する。

1. 完了した研究
2. 現在進行中の研究
3. 今後必要とされる研究分野

ハラル問題についての研究データベースを統合していくことで、非常に貴重な情報ソースを提供できるようになるだろう。

● **アイディアとイノベーションのウィキ**
　ウィキと言うのは、インターネット上で関心のある特定の分野について、全ての人が自分の知識、意見、コメントを提供することのできるソフトウェアである。ハラル業界について、アイディアや革新的なアプローチを募ることで業界の発展を加速させるような、素晴らしい考え方の数々を利用できるようになるだろう。

上記に挙げられたものだけでなく、この他にも世界中から人びとが訪れるような人気のあるハラル向けポータルサイトを作るためにいいアイディアがあれば、機能を付け加えていってもいいだろう。また、多くの主要言語でサイトを提供できたら、さらにいいだろう。このために必要なのは、このようなポータルを作るために関連組織がきちんと取り組んでいくことである。

Istihalah（物の変質）とハラル業界
— ノリア・ラムリ —

はじめに
　清潔で純粋なものはハラルであり、人間が消費することは法に則っている。このため、食品や飲料は、関連当局が指示するような必要要件を満たした場所で加工したものを使うことがとても重要である。すべての材料、添加物、保存料はハラルであり、人間が消費しても安全なものを使わなければいけない。しかし生産工程が長いと、イスラムで厳格に禁止されているような物質と一部の原材料が接触してしまう可能性も高い。それでもこのような商品もこの「変質化」のプロセスを経て品質が回復されれば、法に則っているとみなされ、消費しても安全と認められることもある。

イスラム法学者による定義と意見
　Istihalahとはアラビア語で直訳すると「変質」という意味になる。技術的に言うと、物質の性質が変化することを意味する。Istihalahのコンセプトは「物質に対する判断は、その名前（本質）による。名前（本質）が変化すれば、その判断も変わる」というfiqh（法学的な）原則である。別の言い方をすると、「もともとその物質が何だったのかではなく、今何なのかにもとづいて判断を下す」というものである。例えば野生の動物の排泄物や糞便は人間の手を借りずとも肥料へと「変質」するし、動物の死体は自然状況下でも腐敗していく。新鮮なぶどうが加工されてワインになったり、酢になったりするというのは、人間が干渉して変質するといういい例だろう。Istihalahのコンセプトはfiqhを原則としているため、あるモノに対して判断を下す際にはイスラム法学者の間でも意見の相違がある。大半のイスラム法学者は、酢化、燃焼、味付けなど現在知られている技術を使えば、認められていない食品も変質して法に則った食品に変わると考えている。しかし不潔な食品に熱を通して安全で食べられるモノに変質させるという点については、イスラム法学者の意見も大きく違っている。例えば、死んだ動物の肉が塩に混じり同化した場合、その塩を食すことは認められ

ている。もう一つの例として、不潔なものや法に則っていないものであっても、灰と化した時点で浄化されたとみなされる。また、不潔な食品や法に則っていないものが燃焼、酢化された場合、物質が変質したので浄化されたとみなすイスラム法学者もいる。

　マーリク学派の考えでは、物質の性質がハラルなものに変質した場合はハラルだが、ハラルであったものが悪いものや汚いものに変質した場合は、それは汚いものと見なす。この考えに従い、マーリク学派はガゼルの血から作られた麝香はすでに元来の性質から変質しているため、ハラルであると見なす。シャーフィイー学派の法学者はもともとハラルなものは変質後もハラルであり、ハラルに変質したものもハラルであると見なす。例えば、血が変質して肉になったものはハラルだし、土と水からできるナツメヤシもハラルなので食べてもいいとしている。

　イスラム学者は変質によりハラルになるものが2つあり、それは酢化した酒と日焼けした皮膚である、という点で意見が一致しているが、それ以外では合意が形成されていない。一部の学者は食品に使われたものがハラルでなくても、燃焼や味付け、沸騰によって変質してハラルになると主張している。クルアーンでミツバチについて言及しているが、イスラム学者はミツバチが食べる物質は変質してさまざまな色のはちみつとなり、これが人間にとっての治療薬になるとしている。

「不潔な水」について

　多くの学者は不潔な水も不純物を取り除くことによって、きれいな水になるという点で一致している。ハナフィー学派は不潔な水をきれいな水との混入によりきれいな水へと変質させ得ることを認めている。マーリク学派は化学物質の添加により水は浄化されてきれいな水になる、もしくはきれいな水により化学物質が変化すると考えている。シャーフィイー学派とハンバル学派によると、不潔な水は3つに分類される。

1. 10リットル以上
2. ちょうど10リットル
3. 10リットル以下

10リットル以上の場合、きれいな水に変えるためには3つの方法がある。

1. 水を追加
2. 水の量を減らし、自然に変質させる
3. 日光や気候などその他のプロセスで、自らの変質を促す

　ちょうど10リットルの場合は上述の方法で変質させることができる。もし10リットル以下の場合は、きれいな水を追加することで、清潔な水を作ることができる。

　ハナフィー学派のイスラム法学者によると、汚染物（ナジス）が井戸に落ちても、その水はまだきれいだと考えられる。人や犬が井戸で死んでしまった場合、一度全ての水を排出すれば、そのあとに湧出するものはきれいな水とみなされる。一般的に言って、汚いものが水の中に落ちても、その色、臭い、味に変化がなければきれいなままであると考えて良い。この考え方は石油など他の液体や泥などについても同様に適用できる。イスラム学者の大半は不潔なものを利用して作られた穀物もハラルであり、食べても構わないと考えている。

　イスラム学者は、汚いものや不潔なもの（jillalah）を飼料として与えられた動物については意見が異なる。多くの学者は、ハラルの飼料を動物（魚や鶏など）に対し与えて数日おけば、消費してもいいし、牛乳も認められている。しかし食べることも飲むことも認めていない人も少数おり、その他にもハラルであることを認めつつもあまり好ましくないという人びともいる。

Istihalahに関するファトワ（宗教的布告）抜粋：マレーシアにおける関連情報

1. **食品と飲料のバイオ技術**
    a. 豚のDNAを利用した商品、食品、飲料はsyaria'に違反しているため、禁止されている。
    b. 豚のDNAを利用した商品、食品、飲料の業界は他の選択肢がある

ため、dharurat（緊急性）のレベルに達していない。

2. **豚の排泄物から作られた肥料**
   豚の排泄物は重度のナジス（極度に有害）であるが、肥料としての利用は認められている。（イスラム開発庁（JAKIM）ファトワ委員会第2回会議：1981年5月12日-13日）

3. **不潔なものから作られた動物用飼料**
   鶏などの家畜に対して、排泄物、牛の血、豚の血などを混ぜた加工飼料を与えることは、ハラルであり認められている。（イスラム開発庁（JAKIM）ファトワ委員会第2回会議：1981年5月12日-13日）

4. **豚の排泄物から作られたガス**
   火を利用して豚の排泄物から作られたガスは汚いと考えられているが、火以外を使っていればハラルである。（イスラム開発庁（JAKIM）ファトワ委員会第2回会議：1981年5月12日-13日）

5. **食品原料としてのチーズ**
   植物、かび、ハラルに則った屠殺をされた動物から採られた酵素を利用していれば、食品原料としてチーズを使うことが認められている。（イスラム開発庁（JAKIM）ファトワ委員会第27回会議：1990年10月3日）

6. **食品への活性薬剤利用**
   食品の表面に活性薬剤を使う場合、植物、イスラムの慣習に則った屠殺をされた動物から採られた原料を使っていれば認められている。（イスラム開発庁（JAKIM）ファトワ委員会第26回会議：1990年3月7日-8日）

7. **家畜品質改良のためのFSH-P（豚の脳みその生体分子）**
   a. FSH-Pは豚の脳みそから取られるホルモンであり、重度のナジス（極度に有害）であるため、品質改良や繁殖などのために使うこ

とは禁じられている。これは、疑義がある（shubhah）があるための禁止である。
b. FSH-Pを若い個体や繁殖のために利用することは禁止されており、その肉やミルクの消費も禁じられている。（イスラム開発庁（JAKIM）ファトワ委員会第39回会議：1995年9月21日）

非ハラル皮革と皮革製品の検出技術
― モハメド・エルワシグ・サイード・ミルガニ ―

　非ハラル製品が明確な表示なしに消費者向けに販売されていることが近年明るみに出たことにより、購入時にはもっと注意を払い用心深くなるべきだとイスラム教徒は気づいてきた。古代より人類は動物の皮を利用し、皮革製品の作り方を覚えてきた。皮革製品（leather）とは動物の皮に化学的処理を施し、腐りにくく強くて柔らかい状態にしたものを指す。このような皮革製品は日常生活でも幅広く使うことができるため、次第に需要が高まってきている。Hideという言葉は牛や馬、バッファローなど比較的大きな動物の皮を指し、skinという言葉はやぎや羊、豚など小さな動物の皮を指すために使われている。
　イスラムとは人の生き方であり、個人、社会、公衆を規定するルールを示すことにより、信者の人生の標となる総合的な宗教である。イスラム教徒の急速な広がりに伴い、ハラル製品の人気も高まっている。イスラム教において服装というのは重要なイバーダ（信仰行為）であると考えられているため、イスラム教徒はハラル製品を選択することにより、質の高いイバーダを追求していくことが求められている。
　一部の業者は豚や犬の皮を主な材料として皮革製品を作っていると報じられている。このようにきちんと表示をしない非ハラル皮革製品を販売している店舗もあるだろう。イスラム教徒にとってハラルというのは非常に微妙な問題なので、このような行為は非倫理的であるとみなされる。実際のところ、多くのイスラム教徒は犬や豚の皮などの非ハラル材料から作られた皮革製品かどうか知らずに使っているというのは、おどろくべきことである。
　このような懸念から、全ての皮革および皮革製品はその原材料を明示する必要が出てきている。また、豚や犬など非ハラルな動物から作

られた皮革製品の原材料を特定するために必要な、信頼できる分析技術を開発する必要もある。イスラム教徒消費者の権利を守るためには、素早く正確かつ効率的に発見できるようにする必要があるのである。このような方法が開発されれば、皮革製品のハラル認証が可能になり、製品のマーケティングに利用できるようになるだろう。

　皮革やその他皮革製品についてハラルかハラルで無い（豚や犬の皮）かを判断するため、マレーシア国際イスラム大学（IIUM）の国際ハラル研究研修機関（INHART）は化学局やマレーシアプトラ大学（UPM）のハラル製品研究所（HPRI）と協力した研究を行った。この研究ではFTIR光度計と走査型電子顕微鏡（SEM）を使い、非ハラル皮革製品の原料として使われる豚の皮革の性質を特定し、天然の皮革製品や非皮革製品に対してハラル認証を実施することができるようになった（皮革認証）。

　サンプルとして牛、やぎ、羊、豚の四種類の皮革が使われた。サンプルは必要な処置と前処理を施した後に、フーリエ変換赤外分光（FTIR）光度計といわれる計器を使って直接分析をした。図1は牛、やぎ、豚の三種類の動物の皮革製品のスペクトル、および判別分析のために訓練を受けた専門家が使った部位を示している。

―――――その他の分野のハラル―――――

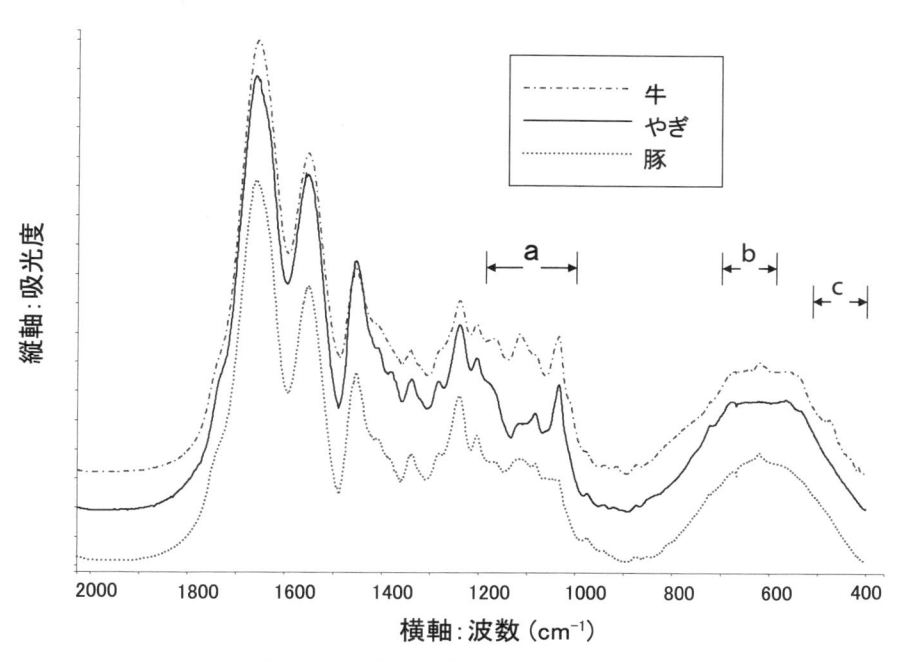

図1　牛、やぎ、豚の皮革製品を比較したFTIRスペクトラム
　　　豚の皮革（非ハラル）製品を見つけるのにはabcが示す部位を見るのが有効

　図2Aと図2Bは観察からわかる豚の皮革（天然皮革）の特性を示したものである。豚の皮は毛包が3つ毎に三角形のような形を作っており、肌目が粗いのが特徴的である。毛を取り除いた後に残っている穴は、皮の外側だけでなく内側からも見て取れる。図2Aと図2Bは豚の皮革の三角形の穴を表側からとらえたもので、図2Cはポリウレタンで豚の皮を真似たものである。

　一部の小売店ではこの素材をきちんと表示せず、本革で作られていると主張している。このような製品の信憑性を確認し、消費者の権利を守るためには綿密な分析をする必要がある。情報に通じた消費者であれば知っていることだろうが、皮には「呼吸ができるよう」穴が開いていて通気性がある、という特徴が本革製品にはある。このため、ポリウレタン製のものも本革（豚の皮）を真似して、「呼吸ができるような」穴が表面には開けられている。

──────── ハラルをよく知るために ────────

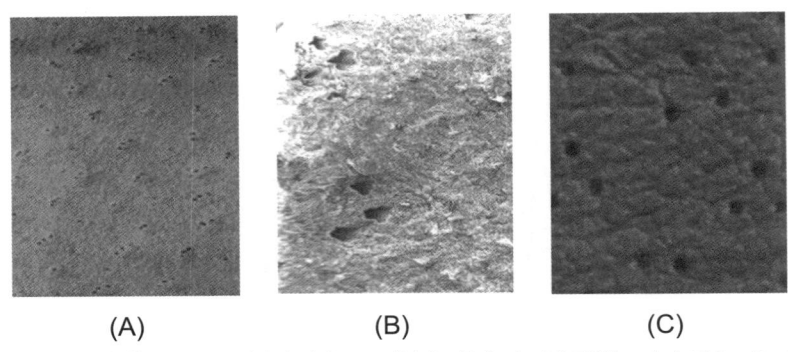

(A)　　　　　　　　(B)　　　　　　　　(C)

図2　豚の皮革を写した(A)と(B)は、外側に見える三角形型の穴を示している
　　(C)は豚革を真似たポリウレタン

　走査型電子顕微鏡（SEM）という別の機器を使えば、皮革について得られる情報がもう少し多くなる。SEMは高解像度で被写界深度が深く、対象物の表面を高コントラストな映像で捉えることができる。動物はその種類ごとに皮膚の構造が大きく異なる。皮の厚さ、真皮層における繊維束の作り、厚さに占める粒子層の割合などを使って、サンプルの分析が可能である。SEMを使えば、毛包の形や繊維構造を調べることによって、何の皮革なのかを確かめることができる。
　SEMを使うと、豚の皮革には、毛を除去した時に生じる小さい穴が表面上に見て取れる。この穴は皮の外側だけでなく、内側にもある。豚は毛が比較的少なく密度が低いので、他の動物と比べて皮の外側は滑らかである。図3は豚の皮の断面図で、毛包が外から内に突き抜けているのがわかる。豚の皮はたとえ加工処理されても、3つの穴が三角形のような形を作っているという特徴は残るため、他の動物との違いを見るときにわかりやすい。やぎの皮を外側の表面から見ると、大きい穴の下に小さい穴が並ぶというパターンになっている。SEMを使って皮の外側を見た時に、この特徴は、やぎと羊の皮革の違いを判断するのに重要である。

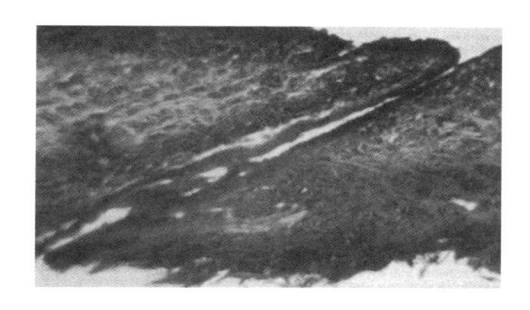

図3 豚革の断面図　毛包は内側まで突き抜けている

皮革製品の認証

　ポリウレタンは皮革製品業界において幅広く使われているポリマーである。このポリマーは図4のSEM画像で見て取れるように、3つの穴が三角形を形成している。しかし革の裏側には穴がなく、穴の形も真っ直ぐである。豚の皮では、穴が斜めになっており、表裏どちらからも見ることができる。また、ポリウレタンは有機ポリマーのため、分析前の準備でアセトンを塗布した際に収縮する。

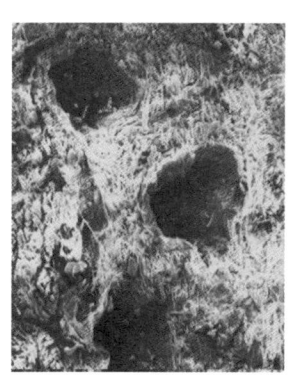

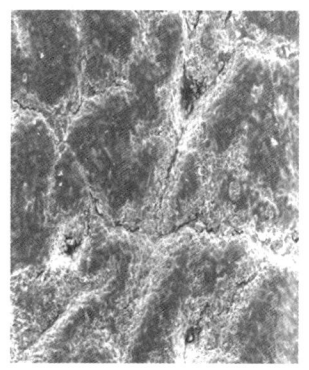

図4 豚革(左)とポリウレタン(右)の皮革　倍率12x：100マイクロメートル

FTIR光度計も皮革製品の認証に利用することができる。やぎと豚の皮を使った天然皮革製品はスペクトラムが似ているのだが、ポリ塩化ビニル（PVC）などの非皮革製品のスペクトラムとは大きく異なるため、はっきり違いがわかる。

結論

現在のところ、皮革製品の特徴を特定するためには走査型電子顕微鏡（SEM）が利用されているが、非ハラル製品の判定には使われていない。我々の調査によると、SEMを使った分析は豚の皮革製品を特定するのに有効であることが分かった。FTIR光度計は皮革製品の化学成分（官能基）を特定するために使うことができ、この技術によって皮革製品の中から、非ハラルである豚の皮を発見するために利用できる。これ以外にも、FTIRの技術は皮革製品と非皮革製品の違いを見つけることができるため、製品の認証にも利用できるだろう。

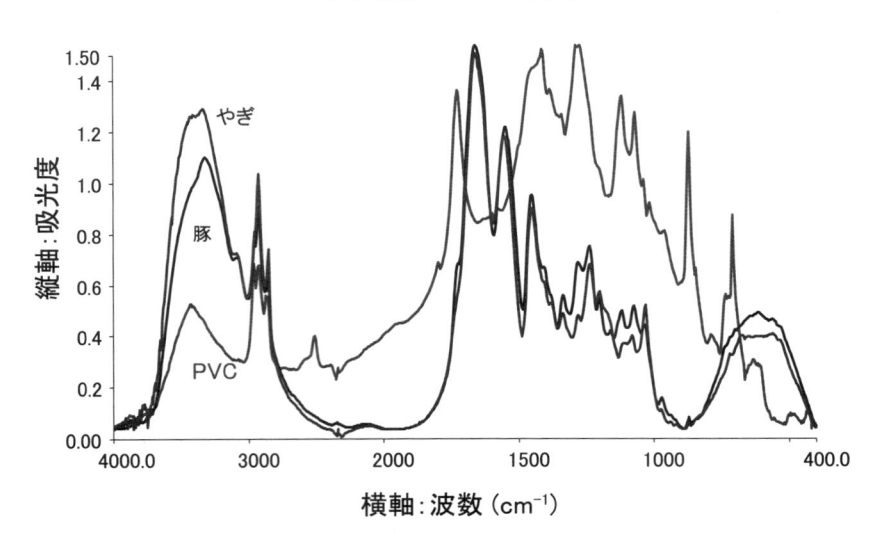

図5　PVCおよびやぎと豚の天然皮革を示したFTIRスペクトラム

――――――――― その他の分野のハラル ―――――――――

ハラルの生活とがん
― アズラ・アミッド ―

　イスラムは完全かつ包括的な生活様式である。イスラム教徒はイスラムの教えに従い、彼らを取り囲む全てと調和して暮らすことを目指している。イスラム教徒がビジネスの取引を行う際は、買い手やサプライヤー、消費者をだますような行動は禁じられており、認められているような透明性のある方法を取ることが求められている。人とやりとりをする際には、礼儀と敬意を持って接することが義務付けられている。飲食時にはハラルでトイバなもののみを口にしなければいけない。イスラム教徒であろうとなかろうと、多くの消費者はハラルとトイバの考えを理解していないだろう。ハラルとトイバという言葉はシャリアによって食べることが認められており（ハラル）、清潔で安全である（トイブまたはトイバ）食品を意味する。このため、食品の取り扱い、調理、保管で使われる素材や原材料（添加物を含む）、プロセスは、常にハラルかつトイブでなければいけない。非ハラルで非トイバな食品や飲料を消費していると、代謝の異常やがんなどの病気につながると考えられる。

　がんは世界中で見られ、最も恐れられている病気の一つで、死に至ることもある。マレーシア国立がん評議会（MAKNA）の2010年のレポートによると、マレーシアではがんが死因の第三位になっている。男性9,974名、女性11,799名から採られた2006年のデータでは、マレーシア半島においてもっとも多いがんは乳がん、結腸直腸がん、肺がん、頸がん、鼻咽頭がんである。マレーシア半島では、マレー系やインド系に比べ、中華系の人びとでがんが多く、全ての年齢層でこの傾向が見て取れた。2009年のレポートでは、がんと糖尿病の複雑な関係を示しており、疫学的な研究により、糖尿病患者は一部のがん（膵臓がん、肝臓がん、乳がん、結腸直腸がん、尿道がん、子宮がん）のリスクが高いことがわかった。

　「人びとよ、地上にあるものの中良い合法なものを食べて、悪魔

の歩みに従ってはならない。本当にかれは、あなたがたにとって公然の敵である。」

(聖クルアーン　2：168)

　複数の研究者によると、子供を母乳で育てた女性は乳がんの危険性が低いという研究結果が出ている。ウィスコンシン大学マディソン校の研究者による最近の研究では、自らが小さいころ母乳で育てられた女性は、大人になっても乳がんにかかる危険性が低いことを示しているという。このようなデータは、イスラム教徒が従うべき道であると示したアッラーの指示とも一致しているように見える。イスラムでは、母親は子供を丸二年間母乳で育てることが奨励されている。

「母親は、乳児に満2年間授乳する。これは授乳を全うしようと望む者の期間である。父親はかれらの食料や衣服の経費を、公正に負担しなければならない。しかし誰も、その能力以上の負担を強いられない。母親はその子のために不当に強いられることなく、父親もその子のために不当に強いられてはならない。また相続人もそれと同様である。また両人が話し合いで合意の上、離乳を決めても、かれら両人に罪はない。またあなたがたは乳児を乳母に託すよう決定しても、約束したものを公正に支給するならば、あなたがたに罪はない。アッラーを畏れなさい。アッラーは、あなたがたの行いを御存知であられることを知れ。」

(聖クルアーン　2：233)

　乳がん以外で女性に多いのは、肝臓がんと頸がんである。2009年2月26日のScienceDaily紙ではイギリスのオックスフォード大学で行われた7年間の研究の結果を掲載している。1,280,296名の女性を対象としたアルコールの消費と癌の関係に関する研究である。アルコール消費量が少程度から中程度であっても、がんの危険性は大きく増加し、乳がん、肝臓がん、

直腸がん、消化管がんを合わせた数のおよそ13%はアルコールが原因である。通常肝臓がんはB型肝炎とC型肝炎によって引き起こされるが、先進国では恒常的なアルコール消費が肝硬変を引き起こすことが最も大きな肝臓がんの原因になっている。イスラム教徒にとって、アルコールが人体の健康（精神と肉体）に及ぼす害は、クルアーンに明確に示されている通り、疑いのないものだろう。

「かれらは酒と、賭矢に就いてあなたに問うであろう。言ってやるがいい。「それは大きな罪であるが、人間のために（多少の）益もある。だがその罪は、益よりも大である。」

(聖クルアーン　2：219)

「あなたがた信仰する者よ、誠に酒と賭矢、偶像と占い矢は、忌み嫌われる悪魔の業である。これを避けなさい。恐らくあなたがたは成功するであろう。」

(聖クルアーン　5：90)

アルコールの消費は肝臓がんにつながるだけでなく、結腸直腸などほかの部位の癌にもつながっている。およそ50万人にも及ぶ情報を分析した結果、結腸直腸がんを発症する危険性はアルコール消費量に伴って上がることがわかった。具体的に言うと、アルコールを毎日2杯以上飲む人が結腸や直腸にがんを発症する確率は、2杯以下しか消費しない人と比べて高くなる。毎日3杯以上飲む人は、結腸直腸がんになる確率が最も高い。しかし、消費しているアルコールの種類と結腸直腸がんの関係性は、研究からは明らかにならなかった。つまり一般的に言うと、結腸や直腸に癌を発症する可能性は、ワインであろうとジントニックであろうと、毎日2杯以上飲んでいれば上がっていくということである。アルコール以外では、たばこが結腸直腸がんの原因とされている。喫煙者が吸っている煙の中の発がん性物質は、がん細胞の成長を助けることがわかっている。

完全かつ包括的な生活様式であるイスラムは、いつでも、どこでも、どのような状況でも当てはめることができる。このため、1995年3月23日に行われた全国ファトワ委員会第37回会議において、喫煙は長期的な健康の害を喫煙者にもたらすという観点から、喫煙はハラム（禁止）であると結論づけた。

　「またアッラーの道のために（あなたがたの授けられたものを）
　施しなさい。だが、自分の手で自らを破滅に陥れてはならない。
　また善いことをしなさい。本当にアッラーは善行を行うものを愛
　される。」

（聖クルアーン　2：195）

　このクルアーンの一節は、加工食品にも適用できる。全ての加工食品が有害なわけではないが、多くはトランス脂肪酸、飽和脂肪とナトリウムや砂糖がたっぷりであり、長期的には消費者にとって有害になりうる。一部加工肉は結腸直腸がんの危険性を増加させる。加工肉とはホットドッグ、ソーセージ、ボローニャソーセージなどを指すが、これらは多くの場合カロリーが高く、脂肪とナトリウムが多い。加えて、これらの製品は人工着色料、安定剤、乳化剤、漂白剤、その他保存剤を使っている可能性がある。これら一部の原材料はがん細胞の成長を促進するという発がん性物質の可能性があると知られている。イスラム開発庁（JAKIM）などハラル認証の関連当局は、ハラル申請を監査・検査する際には、これらの問題に十分注意するべきである。「マレーシア・ハラル」のロゴは、ハラル認証のためだけでなく、「ハラルかつトイブ」である製品のベンチマークとしての意味も持つロゴなのである。

環境にやさしくない燃料に対する懸念
― アズリン・スハイダ・アズミ ―

　車用バイオディーゼル燃料やバイオエタノール燃料の中にハラルのものはあるのだろうか？この問題に関心を持つ人物が、非常に興味深い質問をしてきた。この人物はバイオディーゼル生産のために使われる調理用油がハラルかどうかについても聞いてきた。バイオディーゼルでは大丈夫だとしたら、バイオエタノールではどうなのか？アルコールはハラムだから、消費が禁じられているのではないか？バイオ燃料を「ハラル燃料」として使うことに意味があるのか？もし意味があるなら、ハラムの調理用油で作った豚肉のフライの臭いを吸入してしまったらどうなるのか？我々に選択肢はあるのか？食品や肉製品を選ぶことができるのか？息を吸ったり吐いたりすることは、我々の力が及ぶところではない。呼吸は中枢神経で自律的にコントロールされている。ならば、なぜバイオディーゼルやバイオエタノールをバイオ燃料として使うべきかという点で大騒ぎするのか？自分に関係あるのか？いいことなのか、悪いことなのか？

　ハラルの意味とはどういうものだっただろうか？ハラルとは、イスラム法に従って使用が認められているモノや行動を指す言葉である。ハラルという言葉は生活の様々な場面で使われるが、もっとも多いのは、肉製品、食品に触れるモノ、医薬品だろう。では生活や環境ではどうだろうか？私達が毎日吸ったり吐いたりしている空気はどうなのだろうか？大気汚染はどうなのか？

　大気汚染は様々な形で影響があり、その原因も一様ではない。大気汚染は森林火災で発生する煙や灰、植物の花粉、カビの胞子、海から吹いてくる塩風害などから発生し、火山の噴火が遠隔地で起きたとしても大気の環境は変わってくる。しかしこれらの汚染は我々がコントロールできるものではない。我々がコントロールできるのは、廃棄物の焼却、工場からの有毒ガス排出、自動車の排気ガスなど人間の無責任な行動で起きる大気汚染だろう。これら汚染物質の一部は有毒であり、人体の健康にも影響がある。

心臓や肺に病気を持っている人、老人、子どもたちはこのような大気汚染で受ける危険性が大きくなる。

　大気汚染は地球温暖化の大きな原因ともなっている。地球温暖化とは何か？地球温暖化の説明には、地球の気候と、どうやって地球が一定の気温を保っているかを理解する必要がある。地球よりはるかに温度の高い太陽は太陽放射という熱光線を出しており、これが大気を通ることで地球の気温が上がっている。放射線の大半は地球に吸収されるが、一部は宇宙に跳ね返っていく。自然にできる大気中のガス層や雲が地球の熱の一部を吸収し、宇宙に逃げてしまうのを防いでいる。この自然の「温室効果」と呼ばれる現象により、地球は生命が存在できる程度の気温を保っているのである。理論は温室と一緒で、この自然の温室効果がなければ、地球の平均気温は大きく下がり、地球は生息できる環境ではなくなってしまう。温室効果はある気体の放出量が増えれば高まり、地球の気温が上がるという科学的証拠も示されている。地球は越えてはいけない気温の限界点があり、バランスが保たれているのである。

　この生命のバランスは、神の知恵と知識が素晴らしい形で示されているものである。クルアーンの中には、地球の創造、天国、そしてその間に存在するものについて数多く言及されている。

　　「（かれは）一層一層に、七天を創られる御方。慈悲あまねく御方の創造には、少しの不調和もないことを見るであろう。それで改めて観察しなさい。あなたはなにか裂け目を見るのか。それで今一度、目を上げて見るがいい。あなたの視線は、（何の欠陥も探し出せず）只ぼんやりしてもとに戻るだけである。」

　　　　　　　　　　　　　　　　　　　　　（聖クルアーン　67：3-4）

　創造を完全なものとした神は、以下の一節にあるように、調和を保った。

　　「天と地の大権はかれの有であるかれは子をもうけられず、また

その大権に（参与する）協力者もなく、一切のものを創造して、
規則正しく秩序づけられる。」

(聖クルアーン　25：2)

　神は人間に対し、地球上の生命を維持することを示された。宇宙の法則には完全な安定と不変性がある。地球だけでなく宇宙は全て均一であり、バランスの上に成り立っている。正義を原則としたシステムと法則に干渉し、変える力があるのは創造主のみである。人類はシステムの一部に過ぎず、力を与えられた世界においてハリファ（神の代理人）として公正に振る舞わなければいけない。我々が宇宙の自然の法則に逆らえば、我々の環境はとてつもない災害と破壊に直面することになる。

「言ってやるがいい。「あなたがたは専ら悪いことを好むであろうが、悪いことと善いことは同じではない。」だからあなたがた思慮ある者よ、アッラーを畏れなさい。おそらくあなたがたは成功するであろう。」

(聖クルアーン　5：100)

　我々は一人ひとりがハリファとして、バランスを保つための責任がある。そのためには、自動車から出る排気ガスの量など、個人でコントロールできるところから始めるべきである。バイオ燃料は我々が必要とする解決策となる可能性があり、ここで取り上げていないが数多くある解決策の一つである。バイオ燃料は非ハラル原料を使っているため、明らかにハラムで消費が禁じられているが、大気汚染が緩和し、温暖化の原因となっている温室効果ガスの排出量は減少する。バイオディーゼル燃料は植物油（大豆、カノーラ、グレープシード、パーム油、ジャトロファ）、動物性脂肪、調理用油などさまざまな再生可能原料から作られたメチルエステルかエチルエステルである。バイオエタノールは炭水化物や砂糖の原料を発酵させて、生物学的に変質させて作りだされる。

　今まで輸送用の燃料として使われてきたものと比べると、上に挙げた

ような燃料は温室効果ガスの排出量を減少させる可能性があるが、実現するかどうかは、その生産や管理方法にかかっている。バイオ燃料は通常ミネラルディーゼルを配合してあり、B5（バイオディーゼル5%、ミネラルディーゼル95%）、B10、B20、B50からB100までである。一方、バイオエタノールは通常ガソリンと配合したものであり、E5（エタノール5%、ガソリン95%）とE10 （エタノール10%、ガソリン90%）がある。E10以上（エタノール10%以上が配合されたもの）を使う場合には、エンジンに特別な変更を加えなければいけなくなる。研究によると、混合バイオ燃料を使えば二酸化炭素排出量が50%-60%減少することが示されている。また、燃料システムにも劇的な変更を加える必要はない。バイオ燃料は現在の燃料供給インフラを利用することができ、現行のエンジンでそのまま使える。太陽光や風力の利用、電気自動車やハイブリッド車など再生可能なエネルギーに転換しようとすれば困難がつきものだが、バイオ燃料は簡単である。給油システムやガソリンスタンドは、現状のものから違うシステムに変える必要がある。しかし、電気自動車やハイブリッド車は、価格が高いとはいえ、そのメリットとして最高90%までガスの排出を抑えることができる点がある。

　どうすれば大気汚染を減らすことができるのか、我々ができることをここに少し述べておこう。第一に、計画的に移動することを意識して、毎日・毎週何回どれだけの移動が必要なのかを見積もり、排気ガス削減のために自分に何ができるのかを考えることである。バスや電車、輸送車など公共交通機関を利用するべきだし、車を自分で運転する代わりに、相乗りをしてはどうだろうか？最後に、車はきちんと手入れしておくことである。状態のいい車は有毒ガスの排出量が比較的少なく、大気汚染への影響もあまりないからである。大きな変化というのはなかなか着手しにくいものなのだから、まずは小さく始めるといい。小さいものからはじめ、次第に大きな変化を取り入れ、一つ一つ確実にこなしていくのがいい。これらの変化は大したものでないように見えるかもしれないが、すべての人にとってより良い世界を実現するために、我々が環境のバランスを保つよう自分たちができることから始めていくべきなのである。

ハラルをよく知るために
2015年6月30日　第2刷　発行

編　者　ユミ・ズハニス・ハスユン・ハシム
訳　者　岡野俊介　森林高志　新井卓治
発行所　公益社団法人日本マレーシア協会
　　　　〒102-0093　東京都千代田区平河町1－1－1
　　　　Tel．03-3263-0048
発売元　株式会社紀伊國屋書店
　　　　〒153-8504　東京都目黒区下目黒3－7－10
　　　　ホールセール部（営業）Tel．03-6910-0519
印刷・製本　　Magicreative Sdn. Bhd.（Malaysia）
ISBN 978-4-87738-447-0 C1014
定価は外装に表示してあります。
無断で本書の一部または全部の複写・複製を禁じます。